乡村振兴战略之乡村人才振兴

U0348148

蔬菜
病虫害诊断
与防治图谱

◎ 王 昊 彭 涛 王东风 杨静丽 主编

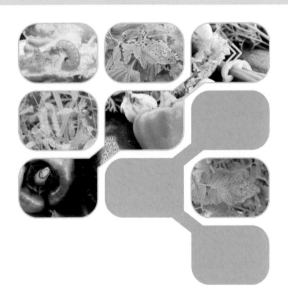

中国农业科学技术出版社

图书在版编目（CIP）数据

蔬菜病虫害诊断与防治图谱 / 王昊等主编 . —北京：
中国农业科学技术出版社，2018.9
　ISBN 978-7-5116-3849-6

Ⅰ . ①蔬… Ⅱ . ①王… Ⅲ . ①蔬菜－病虫害防治－图
谱 Ⅳ . ① S436.6-64

中国版本图书馆 CIP 数据核字（2018）第 197378 号

责任编辑　　徐　毅
责任校对　　贾海霞

出 版 者　中国农业科学技术出版社
　　　　　　北京市中关村南大街 12 号　邮编：100081
电　　话　（010）82106631（编辑室）（010）82109702（发行部）
　　　　　　（010）82109702（读者服务部）
传　　真　（010）82106631
网　　址　http://www.castp.cn
经 销 者　各地新华书店
印 刷 者　北京地大天成印务有限公司
开　　本　710mm×1 000mm　1/16
印　　张　11.25
字　　数　230 千字
版　　次　2018 年 9 月第 1 版　2018 年 9 月第 1 次印刷
定　　价　98.00 元

蔬菜病虫害诊断与防治图谱
编委会

主　　编：王　昊　彭　涛　王东风　杨静丽

副主编：王一冰　王卢平　雷晓隆　王　璐

　　　　王树平　王　猛　王福海

编　　委：王彦江　王春虎　刘清瑞　任秋云　杨　梅

　　　　黄江丽　雷晓环　郑日华　冯　艳　张丽云

　　　　董严波　卢　阳　任亚新　毛安枝　连海平

　　　　高　涵

习近平总书记在党的"十九大"报告中要求，确保国家粮食安全，把中国人的饭碗牢牢端在自己的手中。要实现农产品特别是与人民群众生活质量密切相关的"菜篮子"中的蔬菜多样化、数量充足价格稳定、优质高质量的目标，确保蔬菜供应充足、市场繁荣、社会稳定、人民生活富裕。就必须遵循农业生产规律，实现生产环节的健康持续发展，按照先进的、科学的栽培模式和实用的、有效的技术措施进行病虫草害科学防治，为蔬菜生长发育和优质生产提供技术支撑、奠定坚实基础、创造有利条件，保护农业生态环境，实现当地自然资源的充分利用。不断提高种植者经济效益，为保障和满足市场供应需求，为提高和改善人民群众的生活水平奠定基础。随着农业种植制度改革、作物布局与结构的优化调整，农药、化肥的大量使用，导致多次病虫害发生，严重影响蔬菜的正常生长。

作者根据近年黄淮流域蔬菜生产及结构调整状况，结合自己长期从事农业推广、科研、培训工作实践与体会，目前农村专业合作社、家庭农场、蔬菜专业生产大户、广大菜农及基层农技人员对蔬菜病虫草害防治实用技术的渴望与需求，很需要一本图文直观、实用性强的病虫草防治参考书。为此，我们在多年生产实践和最新科研成果的基础上，广泛吸收了国内外先进经验，又查阅了大量的相关文献资料佐证完善本书内容，组织编写了这本图文并茂、清晰直观、新颖实用、通俗易懂的《蔬菜病虫害诊断与防治图谱》一书，从主要病虫害症状诊断识别、关键防治技术、药剂正确使用等方面做了较为详细的介绍。全书结构严谨，具备科学性强，技术先进成熟，利用价值高等特点，对指导蔬菜生产实际，推动蔬菜产业持续快速、规模化高效优质的健康发展具有较好的参考作用和现实意义。

由于作者水平有限，加之时间仓促，书中不妥之处在所难免，敬请广大读者批评校正，以便进一步完善补充，凝练提升，发展创新。

编 者

2018 年 5 月

CONTENTS **目 录**

第一章

绿叶类蔬菜病虫害及防治技术

第一节　绿叶类蔬菜主要病害及防治技术

一、芹菜病毒病

1. 症状诊断识别

芹菜病毒病又称抽筋病，是芹菜上的主要病害。病害从苗期开始发病，叶片初期呈现浓、淡绿色斑驳或黄色斑块，表现为明显的黄斑花叶，后变为褐色的坏死斑，也可出现边缘明显的黄色或淡绿色环形放射状病斑，严重时，心叶扭曲畸形或全株叶片皱缩不长、黄化、矮缩，叶柄扭曲，全株矮化，甚至死亡。此病在芹菜的全生育期都可发生，以苗期发病受害重。靠蚜虫传播，人工操作时接触也可以传毒，栽培条件差，管理粗放，干旱缺肥、水，蚜虫多则发病重。病毒主要在保护地芹菜和其他宿根寄主上越冬（图1-1）。

2. 发病特点

此病由黄瓜花叶病毒、芹菜花叶病毒、马铃薯 Y 病毒和芜菁花叶病毒等病毒粒子单独或复合侵染引起。病毒借昆虫或汁液在田间传播。病毒喜高温干旱的环境，适宜发病的温度范围为 15~38℃，最适发病温度为 20~35℃，相对湿度在 80% 以下。

芹菜最适感病生育期为成株期，发病潜育期 10~15 天，遇持续高温干旱天气，易使病害发生与流行。芹菜病毒病主要发病盛期在春季的 4—6 月和秋季的 9—11 月，此时正值有翅蚜迁飞高峰期。

3. 防治方法

（1）加强栽培管理。芹菜育苗期易感病，做好苗期防病是防治的重点，需采取措施降低苗床温度，减少光照，合理灌水，剔除病苗，培育壮苗。防旱、防

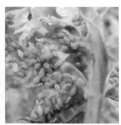

图1-1　芹菜病毒病症状及传毒媒介之一的蚜虫

涝，适时浇水施肥，促进植株健壮生长，提高抗病力。

（2）治蚜防病。在整个生长期注意及时防治蚜虫。

（3）发病初期喷施抗毒剂1号200~300倍液或20%病毒A可湿性粉剂500倍液。

二、芹菜早疫病

1.症状诊断识别

芹菜早疫病主要为害叶片、叶柄和茎。发病初期，叶片上出现黄绿色水浸状

病斑，扩大后为圆形或不规则形，褐色，内部病组织多呈薄纸状，周缘深褐色，稍隆起，外围有黄色晕圈，严重时病斑扩大汇合成斑块，终致叶片枯死。茎或叶柄上病斑椭圆形，暗褐色，稍凹陷。发病严重的全株倒伏（图1-2）。

图1-2　芹菜早疫病症状

2.发病规律

病菌以菌丝体附在种子上或病残体上越冬，也可在保护地芹菜上越冬。条件适宜时产生分生孢子，借雨水、气流、农具、农事活动等传播。病菌的发育适温25~30℃，最适宜分生孢子萌发、侵染的适宜温度28℃。高温、多雨天气，郁闭、高湿环境，均有利发生和流行。芹菜栽培中密度过高、昼夜温差大、结露时间长、管理温度高、缺肥、缺水或灌水多、长势弱的地块，发病比较重。

3.防治方法

（1）种子处理。用50℃温水浸种30分钟，也可用种子重量0.4%的70%代

森锰锌可湿性粉剂拌种。

（2）发病初期。可采用下列杀菌剂或配方进行防治：70%丙森锌可湿性粉剂600~800倍液；77%氢氧化铜可湿性粉剂800~1 000倍液；86.2%氧化亚铜可湿性粉剂2 000~2 500倍液；560g/L嘧菌·百菌清悬浮剂800~1 200倍液；对水喷雾，视病情隔7~10天1次。保护地条件下，可选用5%百菌清粉尘剂1kg/亩（1亩≈667m^2。全书同）喷粉，或用45%百菌清烟剂熏烟每次250g/亩。

（3）田间发病。可采用下列杀菌剂或配方进行防治：10%苯醚甲环唑水分散粒剂1 000~1 500倍液+70%代森联干悬浮剂800倍液；50%腐霉利可湿性粉剂800~1 500倍液＋65%代森锌可湿性粉剂600倍液；对水喷雾，视病情隔5~7天1次。保护地条件下，可选用5%异菌脲粉尘剂1kg/亩喷粉。

三、芹菜斑枯病

1. 症状诊断识别

斑枯病俗称"火龙"，冬春保护地发病严重。一般发生在叶片上，也可以危害叶柄及茎部。叶片上有大斑型和小斑型两种，早期病状相似，老叶先发病，病斑多散生，初为淡褐色油渍状小斑点，边缘明显，后扩大为圆形，边缘褐色，中央淡褐色到灰白色，病斑上生出许多小黑点，病斑外有黄色晕圈（图1-3）。

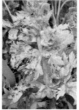

图1-3 芹菜斑枯病症状

2. 发生特点

低温高湿有利于病害发生和流行，气温20~25℃，潮湿多雨的天气发病重。病菌在冷凉天气下发育迅速，高湿条件下也易发生，发生的适宜温度为20~25℃，相对湿度为85%以上。最适感病生育期在成株期至采收期，发病潜伏期5~10天。芹菜叶枯病的主要发病盛期在春季3—5月和秋冬季9—12月。

3. 防治方法

（1）种子消毒。50℃温水浸种30分钟，然后放入冷水中冷却，晾干播种，此法会使发芽率降低10%，应增加部分播种量，或用50%福美双可湿性粉剂500倍液浸种24小时。

（2）农业防治。实行2~3年轮作，加强田间管理，合理密植，施足底肥，看苗追肥，增强植株抗病力，清洁田园，合理控水。

（3）保护地栽培要注意降温排湿。白天控温15~20℃，高于20℃要及时放风，夜间控制在10~15℃，缩小日夜温差，减少结露，切忌大水漫灌。

（4）化学防治。初发病时摘除病叶，保护地可用5%百菌清烟剂250g/亩熏烟。视病情连续使用2~4次，间隔7~10天1次。

四、芹菜软腐病

1.症状诊断识别

软腐病又称腐烂病，是一种细菌性土传病害，地块连作、地势低洼、土质黏重、雨后渍水或大水漫灌、施用未腐熟土杂肥或偏施氮肥等皆易诱发此病害。此病多发生在芹菜移栽缓苗期或缓苗后的生长初期。主要为害植株叶柄的基部和

茎部，患部初呈不定型水渍状，后迅速扩大为淡褐色、纺锤形或不规则形的凹陷病斑，甚至病组织完全腐烂，变黑发臭，全株萎垂、枯死（图1-4）。

图1-4　芹菜软腐病症状

2.发病特点

此病在4~36℃内均能发生，最适温度为27~30℃。病菌脱离寄主单独存在于土壤中只能存活15天左右，且不耐干燥和日光。发病后易受腐败性细菌的侵染，产生臭味。病菌主要随病残体在土壤中越冬。

3.防治方法

（1）实行2年以上轮作是防治此病的最好方法。选用抗病品种，无病土育苗。

（2）加强栽培管理。定植、松土时避免伤根，培土切勿过高，不要将叶柄、茎埋在土内，发病期尽量少浇水或停止浇水。

（3）用农抗751粉剂或丰灵可溶性粉剂，按种子重量的1%拌种后播种，或用2%农抗751水剂100倍液15mL拌200g种子，晾干后播种。

（4）在播种沟内，用 2% 农抗 751 水剂 5kg 或丰灵可溶性粉剂 1kg，加水 50kg，均匀施在 1 亩地的垄沟内。

（5）苗期用丰灵可溶性粉剂 500g，加水 50kg，浇灌根部和喷洒叶柄及基部，或在浇水时，每亩随水加入农抗 751 水剂 2~3kg。

（6）发病初期，可喷 72% 农用硫酸链霉素可溶性粉剂或新植霉素 4 000 倍液、30%DT 可湿性粉剂 400~500 倍液、50% 代森铵水剂 800 倍液。喷洒植株和浇灌根茎部，视病情每隔 7~10 天喷 1 次，连续喷 2~4 次。

五、芹菜菌核病

1. 症状诊断识别

芹菜全生育期均可发病，为害芹菜叶柄和叶。受害部初呈暗绿色、水渍状，后呈褐色湿腐至软腐，表面长满白色菌丝状，形成白色霉层，后白色菌丝体中出现黑色鼠状菌核（图 1-5）。

图 1-5　芹菜菌核病症状

2. 发生因素

该病在低温潮湿环境条件下易发生，菌核萌发的温度范围为 5~20℃，其最适温度为 15℃，相对湿度在 85% 以上时，有利于该病的发生与流行。保护地的芹菜在秋冬至春季，低温高湿、种植过密或棚室通风性差较易发病。

3. 防治方法

（1）芹菜收获后清除病残体，深翻土壤，把土表菌核翻入地表 10cm 以下，有条件的还可以灌水浸一段时间，使菌核难萌发。棚室保护地利用夏季高温季节的闷棚升温使菌核死亡，减少菌源，芹菜生长季节加强管理，及时发现病株并拔除。

（2）发病初期摘除下部老叶、病叶，同时，可用 50% 农利灵可湿性粉剂

1 000 倍液、50％ 扑海因可湿性粉剂 1 500 倍液喷雾防治。保护地可以用 15％ 腐霉利（速克灵）烟剂、10％ 二甲菌核利烟剂熏烟，300~400g/ 亩。视病情连用 2~3 次，一般 7~10 天用药 1 次。喷药时，着重喷植株下部。

六、芹菜根结线虫病

1. 症状诊断识别

此病仅为害根部。芹菜被害后，地上植株，轻者症状不明显，重者生长不良，植株比较矮小，中午气温较高时，植株呈萎蔫状态，早晚气温较低或浇水后，暂时萎蔫的植株又可恢复正常。一般根部以侧根和须根最易被害，上有大大小小的不同的根结，开始呈白色，后来成浅褐色。剖开根结，病部组织里有很小的乳白色线虫（图 1-6）。

图 1-6　芹菜根结线虫病症状

2. 发病特点

此病主要由植物寄生线虫根结线虫属南方根结线虫和爪哇根结线虫等多种根结线虫侵染引起。最适感病生育期为苗期至成株期，发病潜育期 15~45 天。浙江省及长江中下游地区芹菜根结线虫病的主要发病盛期在 6—10 月。年度间夏、秋阶段性多雨的年份发病重，田块间连作地、地势高燥、土壤含水量低、土质疏松、盐分低的田块发病较重，栽培上大水漫灌的田块发病重。

3. 防治方法

（1）培育无虫苗。进行轮作倒茬；播种或定植前选晴天把土壤深翻 30cm。

（2）药剂处理土壤。播种前 15 天每亩用：10％ 噻唑膦颗粒剂，或 0.5％ 阿维菌素颗粒剂 2kg，加细土 40kg 混匀后撒在地面，深翻 25cm，可达控制效果。

（3）发病初期。用 0.8％ 阿维菌素微胶囊剂悬浮剂每亩 0.96g 灌根，持效期 14 天左右。

七、莴苣霜霉病

1. 症状诊断识别

该病先从植株下部老叶开始，发病初期叶面出现淡黄色水渍状圆形斑点，扩大后受叶脉限制呈多角形或不规则形黄褐色大病斑。潮湿时叶背面长出白色霜状霉层。后期病斑枯死，变为黄褐色并连接成片，致全叶干枯（图1-7）。

图1-7　莴苣霜霉病症状

2. 发病规律

病菌以菌丝体及卵孢子随病株残余组织遗留在田间或潜伏在种子上越冬。在环境条件适宜时，产生孢子囊，通过雨水反溅、气流及昆虫传播至寄主植物上，从寄主叶片表皮直接侵入，引起初次侵染。

黄淮地区莴苣霜霉病的主要发病盛期在春季3—5月和秋季9—10月。温室大棚每年4月和11月发病较多。年度间早春低温多雨、日夜温差大的年份发病重；秋季多雨、多雾的年份发病重。田块间连作地、地势低洼、排水不良的田块发病较重。栽培上种植过密、通风透光差、肥水施用过多的田块发病重。

3. 防治措施

（1）加强栽培管理。适时播种，合理密植，深沟高畦栽培，及时清沟排渍，增施速效磷钾肥，促进植株生长健壮。

（2）药剂防治。在发病初期开始喷药，用药间隔期7~10天，连续喷雾防治2~3次。药剂可选用78%科博可湿性粉剂500~600倍液；80%喷多菌灵可湿性粉剂500~800倍液；58%雷多米尔锰锌可湿性粉剂600倍液；75%百菌清可湿性粉剂700倍液；72%克露可湿性粉剂800倍液等。

八、莴苣菌核病

1. 症状诊断识别

莴苣菌核病主要为害结球莴苣的茎基部或茎用莴苣的基部。在莴苣整个生育期均发病，苗期发病，通常病情发展迅速，短时间即可造成幼苗成片腐烂倒伏。但发病盛期多出现在生长后期，植株近地面茎基部或接触土壤中衰老叶片边缘、叶柄先受害，病斑初为褐色水渍状，发展后成软腐状，并在被害部位密生棉絮状白色菌丝体，后期产生菌核。菌核初期为白色，后逐渐变为鼠粪状黑色颗粒状物。病株叶片凋萎，生长不良，呈青枯状萎蔫，发病严重的植株常整株腐烂瘫倒。留种植株发病后期，剥开茎部，内壁可见有许多黑色菌核。通常菌核病引起的腐烂没有恶臭，有别于细菌性软腐，但若两病混发时，也会伴恶臭味。菌核病的主要鉴别特征是发病部位软腐，并产生棉絮状菌丝体和鼠粪状菌核（图1-8）。

图1-8　莴苣菌核病症状

2. 发病规律

黄淮流域地区莴苣菌核病的主要发病盛期在春季4—6月和秋季9—11月。年度间早春多雨或雨量多的年份发病重，秋季多雨、多雾的年份发病重。田块间连作地、地势低洼、排水不良、前茬作物菌核病严重，残留菌核量多的田块发病较重。栽培上种植过密、通风透光差，氮肥施用过多的田块发病重。

3. 防治方法

（1）高畦双行种植。合理施肥，忌偏施氮肥，增施磷、钾肥，提高植株抗病力。

（2）收获后翻耕菜地。深埋菌核，消灭菌源。

（3）喷洒杀菌剂。40%菌核净可湿性粉剂1 000倍液；25%多菌灵可湿性粉剂500倍液；70%甲基托布津可湿性粉剂1 000倍液，50%腐霉利可湿性粉剂等，以上几种药剂轮换使用，每隔7~10天用1次，连续2~3次。

九、菠菜霜霉病

1. 症状诊断识别

菠菜霜霉病主要为害叶片。受害部位初为淡绿色水渍状圆形小点，边缘不明显，逐渐发展为较大的黄色圆形病斑；后期扩大呈不规则形，叶背病斑上产生灰白色霉层，再变为紫灰色；病斑从植株下部向上发展，干旱时病叶枯黄，潮湿时腐烂。系统侵染的病株易呈萎缩状，叶背有大量紫灰色霉层；严重时一片叶上病斑多达数十个，全叶枯黄（图1-9）。

图1-9　菠菜霜霉病症状

2. 发病特点

病菌在寄主、种子上或在病残体叶内越冬。在气温10℃，相对湿度85%的低温高湿条件下，适宜病菌发育。分生孢子借气流、雨水、农具、昆虫在田间传播感染。病菌从植株叶表气孔或伤口侵入为害。种植过密，植株生长弱，积水和早播情况下发病重。

3. 防治方法

发病初期及时用40%乙膦铝可湿性粉剂300倍液，或75%百菌清可湿性粉剂600倍液，或64%杀毒矾可湿性粉剂500倍液，或70%代森锰锌可湿性粉剂500倍液，或25%甲霜灵可湿性粉剂800倍液，或72.2%普力克可湿性粉剂800倍液，或58%甲霜灵·锰锌可湿性粉剂500倍液，或72%g露可湿性粉剂700倍液，或69%安克锰锌可湿性粉剂1 000倍液，或20%菜菌清可溶性粉剂400倍液等药剂喷雾防治，每7天喷药1次，连续防治2~3次。

十、蕹菜白锈病

1. 症状诊断识别

蕹菜白锈病为害叶片和茎部，以叶片症状为常见。被害叶面初现淡黄色斑点，后渐变褐，斑点大小不等（一般4~16mm），近圆形至不规则形。在相应的叶背出现白色稍隆起的疱斑，数个疱斑常融合为较大的疱斑块，随着病菌的发育，疱斑越来越隆起，终致破裂，散出白色粉末，此即为本病病征（病菌孢子囊）。发病严重时，叶片病斑密布，病叶呈畸形，不能食用。茎部被害，患部呈肿大畸形，直径比正常茎增粗1~2倍（图1-10）。

2. 发病特点

温暖多湿的天气，特别是日暖夜凉或台风雨频繁的季节最有利于本病的发生

图1-10 蕹菜白锈病症状

流行。连作地、土壤瘠薄、疏于肥水管理、植株生长不良的地块及植株发病早而重。品种间抗性差异尚待调查比较。一般细叶通菜似比大叶通菜表现较抗病。外引的泰国种及南方普通栽培的大鸡青、江西红茎、建阳白等品种较易感病。福建地方种龙蕹、华安蕹和广州的大骨青表现一定的抗性，可因地制宜引种。

3.防治方法

（1）种子消毒（播前用种子重量0.3%的72%g克露或69%安克锰锌可湿粉拌种）。

（2）重病区和重病田实行轮作，最好与非旋花科作物轮作或水旱轮作。

（3）加强栽培管理。增施有机质肥和磷钾肥，提高土壤肥力和疏松度。

（4）按苗情、病情、天气状况及时喷药控病。梅雨或台风雨频繁季节应抓住雨后或抢晴施药，按苗情确定施药与否及施药范围。药剂可选用69%安克锰锌，或72%克露800~1 000倍液，或50%安克锰锌2 000倍液，或25%甲霜灵，或58%甲霜灵锰锌1 500倍液，或25%三唑酮乳油1 500倍液，2~3次，隔7~15天喷1次，前密后疏，交替喷施。

第二节 绿叶类蔬菜主要虫害及防治技术

一、莴苣指管蚜

1.症状诊断识别

莴苣指管蚜为同翅目，蚜科。以成、若蚜群集嫩梢、花序及叶背面吸食汁液。无翅孤雌蚜体长3.3mm，宽1.4mm，纺锤状；体土黄色或红黄褐色至紫红色，头顶骨化深色，腹部毛基斑黑色，腹管基部前后斑大型，黑色，体表光滑，背毛粗短（图1-11）。

2.发生规律

1 年 生 10~20 代，以卵越冬，早春干母孵化，在 20~25℃ 条件下，4~6 天可完成 1 代，每头孤雌蚜平均可胎生若蚜 60~80 头。最适大量繁殖的温度为 22~26℃，相对湿度为 60%~80%。北方 6—7 月大量发生为害。10 月下旬发生有翅雄蚜和无翅雌性蚜。喜群集嫩梢、花序及叶反面，遇震动，易落地。

图 1-11　莴苣蚜虫形态特征

3.防治方法

（1）农业防治。蔬菜收获后及时清理田间残株败叶，铲除杂草，菜地周围种植玉米屏障，可阻止蚜虫迁入。

（2）物理防治。利用蚜虫对黄色有较强趋性的原理，在田间设置黄板，上涂机油或其他黏性剂诱杀蚜虫。还可利用蚜虫对银灰色有负趋性的原理，在田间悬挂或覆盖银灰膜，每亩用膜 5kg，在大棚周围挂银灰色薄膜条（10~15cm），每亩用膜 1.5kg，可驱避蚜虫，也可用银灰色遮阳网、防虫网覆盖栽培。

（3）药剂防治。防治蚜虫宜尽早用药，将其控制在点片发生阶段。药剂可选用 70% 艾美乐水分散粒剂 3 000~4 000 倍液，或 20% 苦参碱可湿性粉剂 2 000 倍液，或 10% 蚜虱净可湿性粉剂 2 500 倍液，或 10% 千红可湿性粉剂 2 500 倍液，或 10% 大功臣可湿性粉剂 2 500 倍液，或 50% 抗蚜威可湿性粉剂 2 000~3 000 倍液，或 3.5% 锐丹乳油 800~1 000 倍液，或 5% 阿达可湿性粉剂 1 500~2 000 倍液，或 1% 杀虫素乳油 1 500~2 000 倍液，或 0.6% 灭虫灵乳油 1250~1500 倍液等，喷雾防治，喷雾时喷头应向上，重点喷施叶片反面。保护地也可选用杀蚜烟剂，在棚室内分散放 4~5 堆，暗火点燃，密闭 3 小时左右即可。

二、菠菜潜叶蝇

1. 症状诊断识别

菠菜潜叶蝇，为双翅目花蝇科泉蝇属的一种昆虫，主要寄主菠菜、甜菜等藜科植物，茄科、石竹科植物。幼虫在叶内取食叶肉，仅留上下表皮，并形成较宽的隧道，内有虫粪，为害轻的影响品质，失去商品价值，为害重的会造成全田毁

图 1-12　潜叶蝇形态特征

灭，损失很大。成虫体长 4.5~6.0mm。雄性两眼分离，间额棕黄到棕红，最狭处宽约与前单眼相等；雌性额宽为一眼宽的则左右，间额大部红棕色，整个头部几乎全为棕黄色，粉被淡黄或黄白色（图 1-12）。

卵：白色，椭圆形。成熟幼虫长约 7.5mm，有皱纹，污黄色。

蛹：椭圆形，浅黄褐色到暗褐色。

生活习性：华北一年发生 3~4 代，以蛹在土中越冬。第二年春天羽化为成虫，在寄主叶片背面产卵，幼虫孵化后立即潜入叶肉，老熟后一部分在叶内化蛹，一部分从叶中脱出入土化蛹，越冬代则全部入土化蛹。以春季第一代发生量最大。

2. 防治方法

（1）农业防治。提早收获。根茬越冬菠菜，一定要在谷雨前全部收完，以减少越冬代成虫产卵。深翻土地。收获后要及时深翻土地，既利于植株生长，又能破坏一部分入土化蛹的蛹，可减少田间虫源。施足底肥。施底肥，要求施经过充分腐熟的有机肥，特别是厩肥，以免将虫源带进田里。

（2）药剂防治。要求在潜叶蝇产卵盛期至孵化初期还未钻入叶内的关键时期用药防治，否则，喷药效果较差。可喷 2.5% 的溴氰菊酯乳油 2 000 倍液，或 20% 的氰戊酯乳油 3 000 倍液，或 40% 的菊马乳油 3 000 倍液，或 10% 的溴马乳油 1 500~2 000 倍液，或 90% 的敌百虫晶体 1 000 倍液进行防治。

三、蟋蟀

1. 症状诊断识别

蟋蟀无脊椎动物，昆虫纲，直翅目，蟋蟀科。亦称促织，俗名蛐蛐、夜鸣虫（因为它在夜晚鸣叫）、将军虫、秋虫、斗鸡、促织、趋织、地喇叭、灶鸡子、孙旺、土蜇，"和尚"则是对蟋蟀生出双翅前的叫法。蟋

图 1-13 蟋蟀成虫

蟀食性很杂，均以成虫、若虫取食作物的茎、叶、种子或果实等。如为害大白菜时，轻者造成叶片缺刻、不包心，品质下降。重者可造成大白菜绝收（图 1-13）。

2. 防治方法

（1）设置地膜隔离带。在蔬菜育苗地或小块的菜田，四周用地膜设置隔离带，把地膜一边（约 5cm 宽）压入土中，另一边用若干个短棍（约 40cm 高）撑起，此法防治蟋蟀简单有效。

（2）毒饵诱杀。用 0.5kg 90% 晶体敌百虫溶于 15kg 水制成药液，再将药液拌入 50kg 炒香的米糠、油饼、麦麸中制成毒饵，于傍晚前顺垄撒施诱杀，每亩地撒施 2kg 左右（按干料计）。也可用作物秸秆每 5m² 放一小堆，下面放上拌好的药饵，每亩菜地放置 10~15 堆，集中诱杀。

（3）灯光诱杀。利用蟋蟀有趋光性的特点，在菜田旁边夜晚架设灯泡，灯泡离地面 30cm，灯泡下放置一个盛水的大盆，诱使蟋蟀掉进盆中淹死，第二天早上把虫体捞出深埋，在水中加入少量杀虫剂效果更好。也可放置专业诱虫灯诱集。

（4）挖坑捕杀。在蔬菜育苗地或直播田四周挖 3cm×3cm 的坑，坑底部稍大于坑口，坑内放入伴有毒饵的新鲜牛粪或鸡粪，再用鲜草覆盖，可以诱集大量的蟋蟀成虫、若虫。次日清晨可进行集中捕杀。

（5）种植诱杀带。在菜田四周种植油菜一类的作物，待其出苗后喷洒 90% 晶体敌百虫 300 倍液，可诱杀前来取食的蟋蟀，从而起到保护菜田的作用。

第二章

十字花科蔬菜病虫害及防治技术

第一节 十字花科蔬菜病害及防治技术

一、大白菜病毒病

1.症状诊断识别

大白菜病毒病是大白菜生产中常见的病害，又称孤丁病、抽疯病，在各生育期均可发病。除为害大白菜外，还可侵染萝卜、甘蓝、芥菜、小白菜及油菜等多种十字花科蔬菜和菠菜、茼蒿等。大白菜苗期发病时，心叶产生明脉或叶脉失绿，并产生淡绿与浓绿相间的斑驳或花叶。叶背叶脉产生褐色坏死点或条斑，致使叶片抽缩而凹凸不平。成株叶片受害变硬而脆，颜色逐渐变黄，整株迅速矮化，停止生长，不能正常包心（图2-1）。

2.发病特点

为害十字花科蔬菜的病毒病主要有芜菁花叶病毒、黄瓜花叶病毒和烟草花叶病毒。病毒病在窖白菜、甘蓝、萝卜越冬菠菜上越冬。春季由蚜虫或接触传播到蔬菜上，再传到夏季十字花科蔬菜、到秋大白菜上。大白菜病毒病也称"旱孤丁"，可见干

图2-1 白菜病毒病症状

旱、高温是适宜病毒发生、流行的气候因素。因此，土温高、土壤湿度低、播种早的白菜染病早，发病重。多种十字花科蔬菜领作，因互相传染发病严重。

3. 防治方法

（1）农业措施。因地制宜选用抗病品种。调整蔬菜布局：合理间作、套作和轮作、发现病株及时拔除。

适期晚播：避开高温及蚜虫猖獗季节，适时蹲苗，在莲座期，要轻蹲苗或不蹲苗。

施足基肥：增施磷钾肥，控制少施氮肥。苗期遇高温干旱季节，必须勤浇水，降温保湿，促进白菜植株根系生长，提高抗病能力。

（2）药剂防治。苗期及时防治蚜虫：由于大白菜病毒病是由蚜虫传毒，因此，在白菜幼苗期防治蚜虫是防治白菜病毒病的重要措施。苗期防治蚜虫，可选用 10% 吡虫啉可湿性粉剂 1 500 倍液，或 3% 啶虫脒或 50% 抗蚜威可湿性粉剂 2 000~3 000 倍液，或 40% 氰戊菊酯乳油 6 000 倍液喷雾。发病初期：及时喷洒 20% 吗胍·乙酸酮可湿性粉剂 500 倍液，或 15% 植病灵乳油 1 000 倍液，隔 10 天喷 1 次，连续防治 2~3 次。

二、大白菜霜霉病

1. 症状诊断识别

白菜霜霉病主要为害叶片、茎部、花梗，种荚亦可受害。叶片染病，初生边缘不甚明晰的水渍状褪绿斑，后病斑扩大，因受叶脉限制而呈多角形黄褐色病斑，叶背面则生白色稀疏霉层，湿度大时霉层更为明显。病情进一步发展时，多角形斑常连合成大斑块，终致叶片变褐干枯。留种株茎部、花梗和种荚染病，因受病菌的刺激而表现出生长过旺病状，患部呈肥肿弯曲畸形。如并发白锈病，则茎部和花梗肥肿弯曲畸形更为明显，菜农俗称之为"龙头拐"。被害荚果歪扭，表面现黑褐色坏死斑，致荚果空瘪不实或半实。湿度大时荚果、茎、花梗患部亦现白色稀疏霉层病征（图 2-2）。

2. 发病特点

病原为鞭毛菌亚门的芸薹叉梗霜真菌。病菌一般以卵孢子（有性孢子）和菌丝体随病残体遗落在土中越冬，也可在采种母株根部或窖藏大白菜上越冬，少数还可黏附在种皮上越冬，并随种子调运而远距离传播。翌年温湿适宜时，卵孢

图2-2　白菜霜霉病症状

子和休眠菌丝产生的孢子囊及游动孢子借风雨、流水等传播，作为初次侵染接种体从寄主气孔侵入致病。病部产生的孢子囊及游动孢子作为再次侵染接种体借风雨传播不断侵染，病害得以蔓延扩大。

3. 防治方法

（1）无病株留种并厉行种子消毒（用种子重量0.3%的25%甲霜灵可湿粉拌种；或用35%甲霜灵+50%福美双+70%托布津=5∶2∶1混合剂拌种，用药量为种子量的0.4%）。

（2）及时喷药控病。在做好测报基础上，发病初期或中心病株出现时即喷药控病，可喷25%甲霜灵可湿粉，或64%杀毒矾，或58%瑞毒霉锰锌可湿粉500~700倍液，或65.5%普力克水剂，或72%ｇ露可湿粉500~700倍液，或69%安科锰锌+75%百菌清（1∶1）1 000倍液，3~4次，10天左右1次，交替施用，喷匀喷足。

三、大白菜软腐病

1. 症状诊断识别

大白菜柔嫩多汁的组织发病呈浸润半透明状，后变褐色。渐变为黏滑软腐状。少汁组织发病后先呈水渍状，逐渐腐烂，最后患部水分蒸发，组织干缩。多从包心期开始。起初植株外围叶片在烈日下表现萎垂，但早晚仍能恢复，随着病情的发展不再恢复，露出叶球。发病严重的叶柄基部和根茎处心髓组织完全腐烂，充满黄色黏稠物，产生臭气，并引起全株腐烂（图2-3）。

2. 发病特点

该病为真菌性病害，病原菌为胡萝卜软腐欧文氏菌胡萝卜软腐致病型。病原菌主要在田间病株、窖藏种土中未腐烂的病残体及害虫体内越冬，通过雨水、灌溉水、带菌肥料、昆虫等传播，从伤口侵入。多发生在大白菜包心期以后，叶柄上的自然裂口以及虫伤最易引起发病。大白菜包心以后多雨，叶片基部初于浸水和缺氧的状态，伤口不易愈合，利于病原菌的繁殖和传播蔓延。

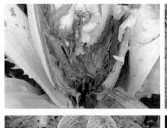

图2-3 白菜软腐病症状

3. 防治方法

（1）农业措施。避免在低洼、黏重的地块上种植；选择前茬大麦、小麦、水稻、豆科植物的田块种植，避免于茄科、瓜类及十字花科蔬菜连作；平整土地，清沟整畦，采取高畦栽培；实行沟灌，严防大水漫灌；农事操作中避免植株形成伤口。

（2）药剂防治。发病初期喷药，常用药剂有72%农用硫酸链霉素可溶性粉剂3 000~4 000倍液，新植霉素4 000倍液，14%络氨铜水剂350倍液，47%加瑞农可湿性粉剂700~750倍液。每隔10天防治1次，连续2~3次。

四、大白菜黑斑病

1. 症状诊断识别

大白菜黑斑病又称黑霉病，各地均有发生。主要为害叶片。老叶先发病。病斑灰褐色至黑褐色，呈圆形，有明显较稀的同心纹，边缘有黄色晕环。潮湿时病斑有一层黑霉。病斑直径2~6mm，发病重时引起叶片变黄干枯。茎和柄病斑呈纵条形，也生有黑色霉状物（图2-4）。

2. 发病特点

该病为真菌性病害，病原菌为链格孢。病原菌主要在病残体上、土壤中、采种株上及种子表面越冬，成为初侵染源。病原菌借气流传播。当温度在10~35℃的条件下均能引起发病，发病适宜温度为17℃。病原菌在冷水中存活1个月，在土中可存活3个月。白菜生长中后期易发病和流行。

图 2-4　白菜黑斑病症状

3. 防治方法

（1）种子处理。用50% 异菌脲可湿性粉剂或 75% 百菌清可湿性粉剂拌种，用量为种子重量的 0.4%。

（2）农业措施。实行轮作；选用抗病品种；收获后及时清洁田园，翻晒土地，减少田间菌源；使用充分腐熟的堆肥。

（3）药剂防治。发病初期喷药，常用药剂有 64% 杀毒矾可湿性粉剂 500 倍液，75% 百菌清可湿性粉剂 500~600 倍液，70% 代森锰锌可湿性粉剂 500 倍液，58% 甲霜灵锰锌可湿性粉剂 500 倍液，40% 灭菌丹可湿性粉剂 400 倍液，50% 异菌脲可湿性粉剂 1 000 倍液。每隔 7~10 天防治 1 次，连续防治 3~4 次。

五、大白菜白斑病

1. 症状诊断识别

大白菜白斑病主要为害叶片，发病时叶面散长出许多灰白色近圆形病斑，中央具有 1~2 个不规则形轮纹，周缘有淡黄色晕圈。叶背病斑外缘浓绿色，但有时并不明显。病斑最后呈白色，半透明，似火烤状。有时病斑破裂或脱落。发病晚期连成不规则形大块枯死斑。空气潮湿时，病斑背面产生灰色霉状物（图 2-5）。

2. 发病规律

大白菜白斑病由半知菌亚门真菌的白斑小尾孢菌侵染所致。病菌分生孢子梗较短，束生，无色，直或弯曲。分生孢子线形，多细胞，无色。大白菜白斑病病菌主要以菌丝体在土表的病残体或采种株上越冬，或以分生孢子黏附于种子表面越冬。田间借风雨传播，有再侵染。8—10 月气温偏低、连阴雨天气可促进病害的发生。

3. 防治方法

（1）选用抗病品种。鲁白1号、青研1号、北京小杂56、绿宝、鲁白6号等。

（2）切实搞好种子处理。用75%百菌清或50%福美双可湿性粉剂拌种，药量为种子重量的0.3%~0.4%；用50%扑海因可湿性粉剂拌种，药量为种子重量的0.2%~0.3%。

图2-5　白菜白斑病症状

（3）加强栽培管理。重病区实行与非十字花科蔬菜2~3年轮作。平整土地，增施基肥，适时播种，防止田间积水，收获后清除田间遗留残株落叶，深耕埋入土中，可减少病菌，培养壮株，减少发病。

（4）药剂防治。田间有零星发病时，即选用下列一种农药开始喷施：50%多菌灵可湿性粉剂500倍液，40%多菌灵悬浮剂800倍液，75%甲基托布津可湿性粉剂800倍液，70%代森锰锌可湿性粉剂500倍液。遇有霉霜病与白斑病同时发生时，可在多菌灵药液中混配40%乙膦铝可湿性粉剂300倍液。每隔10天左右喷1次药，连喷2~3次。

六、大白菜炭疽病

1. 症状诊断识别

该病主要为害叶片、叶柄、叶脉，有时也侵害花梗和种荚。叶片上病斑细小、圆形，直径1~2mm，初为苍白色水浸状小点，后扩大呈灰褐色，稍凹陷，周围有褐色边缘，微隆起。后期病斑中央部褪成灰白至白色，极薄，半透明，易穿孔。在叶脉、叶柄和茎上的病斑，多为长椭圆形或纺锤形，淡褐色至灰褐色，凹陷较深。严重时，病斑连合，叶片枯黄。潮湿时，病斑上产生淡红色黏质物。炭疽病病菌主要以菌丝体在病残体内或以分生孢子黏附种子表面越冬。越冬菌源

图 2-6　白菜炭疽病症状

借风雨传播，有多次再侵染。高温多雨、湿度大、早播有利于病害发生。白帮品种较青帮品种发病重（图 2-6）。

2. 防治方法

发病初期可用 50% 多菌灵 600 倍液；80% 炭疽福美 500 倍液；农抗 120 的 100 单位液；50% 托布津 500 倍液；抗菌剂"401" 800~1 000 倍液；大生 M—45 的 400~600 倍液，上述药之一，或交替应用，每 5~7 天 1 次，连喷 3~4 次。

七、大白菜根肿病

1. 症状诊断识别

大白菜主根或侧根上形成形状不规则，大小不等的肿瘤，初期瘤面光滑，后期龟裂、粗糙，也易感染其他病菌而腐烂，主根生长慢。该病菌在土壤中长期生存，经土壤传染白菜及其他十字花科植物。调制种子时，带菌土粒附在种子上，可以导致种子传染。病原菌的发育温度为 9~30℃，最适温度为 20~24℃。孢子萌发芽管和病害进展的适温为 18~25℃。土壤呈酸性有利于病菌繁殖，pH 值 7.2 以上的碱性土壤则难以繁殖（图 2-7）。

图 2-7　白菜根肿病症状

2.防治方法

（1）土壤消毒。每亩用70%的敌克松药粉3kg对细土30kg或50%甲基托布津可湿性粉剂3kg对细土30kg，或40%地菌粉剂2kg对细土30kg拌匀后撒施于塘中再栽苗，或每塘撒施根宝丰20~30g与土壤充分拌匀后再播种（栽苗）。种子消毒可用0.3%福美双或50%多菌灵进行拌种。

（2）药剂防治。一般病田的预防性防治在夏秋十字花科蔬菜移栽定植活株后，用75%五氯硝基苯800~1 000倍液浇根，防治效果达60%~80%；其次可用70%甲基托布津800~1 000倍液或75%百菌清可湿性粉剂500倍液，每亩用0.3~0.5kg药液浇根，15天1次，连续浇3次，能有效控制病害的发展和蔓延。

八、大白菜干烧心病

1.症状诊断识别

钙是组成植物细胞壁的主要成分，缺钙不仅影响细胞壁中果胶酸钙的形成，限制了细胞分裂，阻碍了植株生长，又使水分失调。在大白菜生长中缺钙主要表现为干烧心、焦边、镶金边等症状，很少表现烂叶症状，所以，常称作大白菜干烧心病（图2-8）。

大白菜干烧心病一般在莲座期开始发病，心叶边缘干黄、向内倾卷，嫩叶边缘呈水渍状、半透明，脱水后萎蔫呈白色带状，有的幼嫩叶片表现干边，生长受抑制，包心不紧，叶球顶部边缘向外翻卷，叶缘逐渐干枯黄化，病斑扩展，叶部组织呈水渍状、无臭味，叶片上部也逐

图2-8 白菜烧心病症状

渐变干黄化，叶肉呈干纸状。发病部位和健康部位的界限较为清晰，叶脉黄褐至暗褐色，主要在叶球中部的叶片发病，即由外向内数的17片~35片叶，重病株

叶片大部干枯黄化。田间种植于结球初期发病，到结球后才显症，贮藏期达严重程度，由干心变腐烂。

2. 发病特点

该病为生理性病害。缺雨干旱年份干烧心严重，若在干旱年份实行蹲苗，浇水少的菜地发病更重。用污水灌溉或施硫酸铵过多的菜地发病也较重。

3. 防治方法

与非十字花科蔬菜轮作 2~3 年。菜地应增施有机肥；避免氮肥过多，增施磷、钾肥。防止苗期和莲座期干旱，及时浇水。

九、甘蓝黑腐病

1. 症状诊断识别

该病主要为害叶、叶球或叶茎。幼苗到成株均可染病。细菌被害，子叶呈水浸状，逐渐枯萎或蔓延至真叶，真叶的叶脉上出现小黑点或细黑条。成株受害，多从叶缘及虫伤处首先出现黄褐色"V"字形病斑，病部叶脉坏死变黑，以后沿叶脉、叶柄蔓延到茎部和根部，严重时，被害叶叶柄及茎部干腐，造成外叶枯死，结球不紧（图 2-9）。

图 2-9　甘蓝黑腐病症状

2. 防治方法

（1）重病区实行轮作换茬，避免与十字花科蔬菜连作，最好进行 3 年轮作；可以显著地减轻受害程度。

（2）从无病区或无病株上采种。播种前，用 50℃温水浸泡种子 20 分钟，或者用相当于种子重量 0.4% 的 50% 福美双可湿性粉剂拌种。

（3）加强栽培管理。适时播种，合理灌溉，及时防治害虫，收获后清除病株残体。

（4）发病初期，及时喷药防治。药剂可选用200mg/kg农用链霉素或1∶1∶200波尔多液，每隔7~10天喷1次，连喷3~4次。

十、甘蓝黑根病

1.症状诊断识别

甘蓝黑根病主要侵染幼苗根茎部，使病部变黑、缢缩，潮湿时可见其上有少许白色霉状物。植株发病后、不久即可见叶片萎蔫、干枯，继而造成整株死亡。病苗一般定植后停止发展，但个别田仍可继续死苗（图2-10）。

2.防治方法

播种前用种子重量0.3%的50%福美双拌种。选择地势较高、排水良好的地块做床育苗。施用腐熟粪肥，播种不要过密，覆土不宜过厚。苗期要做好防冻保温，

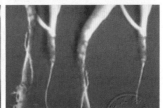

图2-10 甘蓝黑根病症状

水分补充宜多次少洒，经常放风换气。出现病苗及时拔除。发病初期喷洒20%甲基立枯磷1 000倍液，或60%多·福500倍液，或75%百菌清600倍液，或铜氨混剂400倍液，每7天1次，连续2~3次。

十一、甘蓝黑胫病

1.症状诊断识别

苗期在子叶、真叶和幼茎上产生浅褐色病斑，病斑圆形或椭圆形，其上散生黑色小点，幼茎上的病斑稍微凹陷，重病苗很快枯死。成株期叶部病斑与苗期相同，并在主根侧根上生紫黑色条斑，使根部发生腐朽，或从病茎处折倒（图2-11）。

图 2-11　甘蓝黑胫病症状

2. 防治方法

（1）种子处理。用 50 ℃ 温水浸泡种子 20 分钟。

（2）药剂拌种。用 50% 福美双可湿性粉剂拌种，药剂重量为种子重量的 0.4%。

（3）土壤处理。用 40% 福美双可湿性粉剂或 40% 五氯硝基苯粉剂，按每平方米 8~10g 药剂，拌 30~40kg 细干土，播种时撒于床面。

（4）改茬轮作。发病重的田块及时改茬或与非十字花科蔬菜轮作，与大田作物轮作较好，间隔时间 3 年以上。

（5）药剂防治。发病初期喷药，可喷洒 75% 百菌清可湿性粉剂 600 倍液，或 40% 多硫悬浮剂 600 倍液，或 60% 多福可湿性粉剂 600 倍液等，每隔 8~10 天喷 1 次，连喷 2 次。

十二、甘蓝菌核病

1. 症状诊断识别

苗期多在茎基部呈水浸状后腐烂，引起幼苗猝倒。此病主要发生在甘蓝生长后期和采种株上。成株受害后，多在靠近地表面的茎、叶柄或叶片上。发生水浸状、褐色、周缘不明的病斑，引起叶球或茎基部腐烂，病部也可长出白色棉毛状菌丝和黑色鼠粪状菌核。采种株受害多发生在花后期，茎秆上病斑初呈浅褐色，后变为白色，稍凹陷，最后茎内中空，生有黑色鼠粪状菌核。荚角受害也产生白色或黄白色病斑，荚内有黑色菜籽粒状菌核，导致结实不良或不能结实（图 2-12）。

2. 防治方法

（1）收获后进行一次深耕，将菌核埋入土表 10cm 以下。早春在留种地上进行 1 次中耕，破坏菌丝蔓延及将子囊盘埋入土中。加强田间管理，采种株搭支架，雨后及时排水，避免偏施氮肥，增施磷、钾肥。

（2）播种前用 10%~14% 的盐水选种，后用清水洗净再播种。

（3）发病初期喷施 50% 速克灵可湿性粉剂 2 000 倍液，或 50% 多菌灵可湿性粉剂 600~800 倍液，或 1∶1∶240 波尔多液。药液应着重喷洒

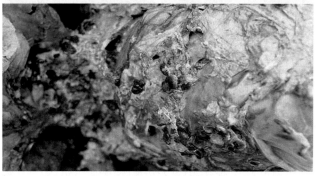

图 2-12　甘蓝菌核病症状

在植株茎的基部、老叶的背面，每亩喷洒药液 50~60L，或撒施草木灰、消石灰混合粉（比例 1∶2）20~30kg。

十三、甘蓝软腐病

1. 症状诊断识别

甘蓝软腐病一般多在甘蓝包心期开始发病。发病初期，茎基部或叶球表面上发生水渍状软腐，外叶呈萎蔫状下垂，尤其在晴天中午最为明显；进而外叶脱落，病部软腐有恶臭，在病组织内充满污白色或灰黄色黏稠物，最后整株腐烂。病原为胡萝卜欧式杆菌胡萝卜致病变种，属薄壁菌门欧文氏菌属。菌体短杆状，具 2~8 根周生鞭毛，大小（0.5~10）μm×（2.2~3.0）μm，无荚膜，不产生芽孢，革兰氏阴性。不耐干旱和日晒，在室内干燥 2 分钟或在培养基上曝晒 10 分钟即会死亡；致死温度 50℃，10 分钟。在土壤中未腐烂寄主组织中可存活较长时间。但当寄主腐烂后，单独只能存活 2 周左右。病菌通过猪的消化道后可能全部死亡（图 2-13）。

图 2-13　甘蓝软腐病症状

2. 防治方法

（1）选择地势较高、排水良好的田块，采用高畦或高垄栽培。注意轮作换茬，切忌与十字花科蔬菜连作。

（2）及时防治害虫，减少菜株损伤，宜小水勤浇，不可大水漫灌。收获后彻底清除病株残体，予以深埋或烧毁。

（3）加强田间检查，发现病株后及时拔除，并用生石灰撒在病株穴内及周围进行土壤消毒，同时，进行药剂防治。常用药剂有农用链霉素 200mg/kg、新植霉素 200mg/kg、敌克松 500~1 000 倍液、50％代森锌水剂 800~1 000 倍液喷雾，每隔 7~10 天喷 1 次，连续喷 2~3 次。注意务必将药喷洒到植株根部、底部、叶柄及叶片上。

十四、萝卜花叶病毒病

1. 症状诊断识别

萝卜花叶病毒病属系统侵染，叶部呈现淡绿色至黄绿色花叶，有的沿细脉现浓绿色线状凹凸，叶片凹凸不平或扭曲，外围老叶变浅黄绿色，叶面多皱缩变形，茎薹染病生椭圆形浓绿斑，结实期变为褐色。传播途径：主要靠黄条跳甲和黄瓜 11 星叶甲传毒（图 2-14）。

图 2-14　萝卜花叶病毒病症状

2. 防治方法

（1）选用抗萝卜病毒病的品种。如黄泥湖萝卜、常德圆萝卜、秦菜 2 号、武青 1 号、通园红 2 号、鲁萝卜 2 号、郑州金花、春萝 1 号、京红 1 号、红丰 2 号、杂选 1 号、衡阳半节红、豫萝卜 1 号等抗（耐）病毒病品种。

（2）在萝卜生育期间，注意防治黄条跳甲、蚜虫、减少传毒。

（3）发病初期开始喷洒 5% 菌毒清可湿性粉剂 400~500 倍液或 0.5% 抗毒剂 1 号水剂 300 倍液、20% 毒克星可湿性粉剂 500 倍液、20% 病毒宁水溶性粉剂 500 倍液，隔 7~10 天 1 次，连用 3 次。采收前 5 天停止用药。

十五、萝卜黑腐病

1. 症状诊断识别

萝卜黑腐病主要为害叶和根。幼苗期发病子叶呈水浸状，根髓变黑腐烂。叶片发病，叶缘处产生黄色斑，后呈现"V"字形病斑，叶脉变黑，叶缘变黄，后扩及全叶变黄干枯。病菌沿叶脉和维管束向茎和根部发展，最后使全株叶片变黄枯死。根部发病，导管变黑，内部组织干腐，外观往往看不出明显症状，但髓部多呈黑色干腐状，后形成空洞。该病腐烂时不臭，可区别于软腐病。但有时田间可并发软腐病，呈腐烂状（图 2-15）。

2. 发病条件

主要在秋季发生。在气温 15~21℃，多雨、结露时间长时易发病。在十字花科蔬菜重茬、地势低洼、排水不良、播种早、发生虫害的地块发病较重。平均气温 15℃时开始发病，15~28℃发病重，气温低于 8℃停止发病，降水量 20~30mm 以上发病呈上升趋势，光照少发病重。此外，肥水管理不当，植株徒长或早衰，寄主处于感病阶段，害

图 2-15　萝卜黑腐病症状

虫猖獗或暴风雨频繁发病重。

3. 防治方法

（1）种子处理。播种前进行种子消毒处理，可用 0.2% 的 50% 福美双可湿性粉剂或 35% 甲霜灵拌种剂拌种，或用 50℃温水浸种 25 分钟，然后立即移入冷水中冷却，晾干后播种，或用农用链霉素 1 000 倍液浸种后播种。

（2）轮作倒茬，采用配方施肥技术。

（3）处理土壤。对重茬病田可采取土壤处理，播种前每亩穴施 50% 福美双可湿性粉剂 750g，对水 10L，拌入 100kg 细土后撒入穴中。

（4）药剂防治。黑腐病发病初期及时拔除中心病株，并喷洒 50% DT500 倍液或 77% 可杀得可湿性粉剂 500 倍液或 72% 农用硫酸链霉素可湿性粉剂 4 000 倍液，隔 7~10 天喷 1 次，连续防治 2~3 次。

十六、萝卜根肿病

1. 症状诊断识别

萝卜根肿病为真菌性病害，表现为侧根上形成肿瘤，主根不伸长、不膨大、体形瘦小，地上部生长缓慢，植株矮小萎缩，叶片中午萎蔫，早、晚恢复，叶色失绿黄化，植株枯萎死亡，

图 2-16　萝卜根肿病症状

肉质根带苦味（图 2-16）。

2. 发病规律

病菌能在土中存活 5~6 年，由土壤、肥料、农具或种子传播。土壤偏酸 pH 值 5.4~6.5，土壤含水率 70%~90%，气温 19~25℃有利发病，9℃以下，30℃以上很少发病。在适宜条件下，经 18 小时，病菌即可完成侵入。低洼及水改旱菜地，发病常较重。

3. 防治方法

在种植萝卜前，先用生石灰给土壤消毒，每亩用 75~100kg，均匀撒施在土

壤中，再用犁耙翻耕，使其与土壤充分接触，以消灭土壤中的各种病菌，既利于萝卜生长，又抑制病菌繁殖。在种植萝卜时，每亩施400~500kg沤制腐熟的有机肥做基肥，能有效增强萝卜抗根肿病的能力，减轻发病。在幼苗期，结合培土，每亩撒施25~30kg 50%氰氨化钙颗粒剂，施后培土，以保护幼苗根系不受根肿病为害。在萝卜地下肉质根伸长膨大期间，每10~15天根部淋施1次800倍枯草芽孢杆菌水溶液，或800倍50%五氯硝基苯水溶液，或600倍50%敌磺钠水溶液，或1 000倍25%咯菌腈水溶液，或1 000倍30%噁霉灵水溶液，或600倍47%春雷王铜水溶液，或1 000倍25%甲基立枯磷水溶液等进行防治，连续淋灌2~3次，均匀淋湿萝卜植株根部周围的土壤，待水分完全渗透到根部周围的土壤中不外流为宜。

第二节　十字花科蔬菜虫害及防治技术

一、菜蚜

1.症状诊断识别

菜蚜，别名：菜缢管蚜、萝卜蚜。寄生在白菜、油菜、萝卜、芥菜、青菜、菜薹、甘蓝、花椰菜、芜菁等十字花科蔬菜，偏嗜白菜及芥菜型油菜。菜蚜体小质柔软，体形多呈近椭圆形，体色变化较大。以成虫和幼虫在菜叶上刺吸汁液，造成叶片卷缩变形，植株生长不良，影响包心，以致减产；为害留种株的嫩茎、花梗和嫩荚，致使花梗畸形扭曲，不能正常抽薹、开花、结荚，荚果籽粒也不饱满（图2-17）。

图2-17　蚜虫为害症状及形态

2.防治要点

（1）农业防治。

夏季可不种或少种十字花科蔬菜，切断或减少秋菜的蚜源和毒源。

（2）物理防治。

①采用银灰色薄膜避蚜：苗床四周铺 17cm 宽银灰色薄膜，苗床上方每隔 60~100cm 挂 3~6cm 宽银灰色薄膜，可避蚜防毒。

②设黄板诱蚜：黄板上涂机油插于田间，春秋季可诱杀有翅蚜，降低田间蚜虫密度。

（3）化学防治。对菜蚜首选药为 50% 抗蚜威（僻蚜雾）2 000~3 000 倍液，其次为 10% 吡虫啉可湿粉（咪蚜胺、蚜虱净）1 000~2 000 倍液。还可选用 2.5% 鱼藤酮乳油 500 倍液，或 30% 松脂酸钠乳剂 150~300 倍液，或 15% 乐溴乳油 2 000~3 000 倍液，或 1.3% 鱼藤氰戊乳油 400~500 倍液，或 10% 氯菊辛乳油 1 200~2 400 倍液。注意交替喷施 2~3 次或 3~4 次，视虫情、苗情、天气等隔 7~10 天喷 1 次，采收前 10~15 天应停止用药。

二、小菜蛾

1.症状诊断识别

小菜蛾属鳞翅目菜蛾科，别名：小青虫、两头尖。小菜蛾迁飞性害虫，具有发生世代多、繁殖能力强、寄主范围广、抗药性水平高，难于防治等特点。主要为害甘蓝、紫甘蓝、青花菜、芥菜、花椰菜、白菜、油菜、萝卜等十字花科植物。

成虫：体长 6~7mm，翅展 12~16mm，前后翅细长，缘毛很长，前后翅缘呈黄白色三度曲折的波浪纹，两翅合拢时呈 3 个接连的菱形斑，前翅缘毛长并翘起如鸡尾，触角丝状，褐色有白纹，静止时向前伸。雌虫较雄虫肥大，腹部末端圆筒状，雄虫腹末圆锥形，抱握器微张开。

卵：椭圆形，稍扁平，长约 0.5mm，宽约 0.3mm，初产时淡黄色，有光泽，卵壳表面光滑。

幼虫：初孵幼虫深褐色，后变为绿色。末龄幼虫体长 10~12mm，纺锤形，体节明显，腹部第四节至第五节膨大，雄虫可见 1 对睾丸。体上生稀疏长而黑的刚毛。头部黄褐色，前胸背板上有淡褐色无毛的小点组成 2 个"U"字形纹。臀足向后伸超过腹部末端，腹足趾钩单序缺环。幼虫较活泼，触之，则激烈扭动并后退。

蛹：长5~8mm，黄绿至灰褐色，外被丝茧极薄如网，两端通透（图2-18）。

2. **防治要点**

（1）农业防治。

① 合理布局：在十字花科蔬菜大面积连

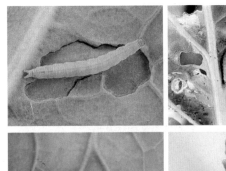

图2-18　小菜蛾为害症状及形态

片种植的蔬菜基地或菜场，有意识地间种瓜豆等非寄主作物，使其能相隔一定距离。

② 收获后及时彻底清除田间残株、杂草，尽可能随即翻耕晒土以压低虫源。

③ 对生长期短的白菜、菜心等蔬菜，在管理上力求使其生长各一，使收获期较一致，能在短时间内统一收获、统一翻耕菜地，才能有效压低虫源。

（2）物理防治。利用蛾子趋光、趋黄特性，在成虫发生期设黏性黄板诱杀成虫。对甘蓝类蔬菜育苗，可考虑采用纱网小拱棚育苗法以避虫害。

（3）化学防治。复方菜虫菌可湿性粉800~1 200倍液，或50%抗虫992乳油500~800倍液，或1%威霸乳油600~800倍液，或98%巴丹可溶性粉剂1 500倍液（如与Bt乳油混用效果更好），或10%除尽乳油2 300~4 500倍液，或20%抑食肼悬浮剂400~630倍液，也可用阿维菌素。

三、菜粉蝶

1. **症状诊断识别**

菜粉蝶又称白粉蝶，其幼虫俗称菜青虫。菜白蝶以幼虫为害十字花科蔬菜，幼虫咬食叶片，严重影响植株生长发育，导致减产。此外，幼虫排出的虫粪会污染花菜球茎，使商品价值降低；在白菜上被害的伤口又易感染软腐病而造成全株腐烂死亡。菜粉蝶适宜于月均温20~25℃，月降水量在100mm以下的月份生

图 2-19 菜粉蝶为害症状及形态

长发育。低温或高温多雨的季节，均影响其生育，特别是雨季影响更大。菜粉蝶属完全变态发育，分受精卵，幼虫，蛹，成虫 4 个阶段（图 2-19）。

白粉蝶，体长约 18mm，展翅宽 45~65mm。头小，复眼黑褐色、圆形、突出，口器为虹吸式，下唇须特别发达，触角成棍棒形。胸部黑色，有灰色长毛，并夹有白色长的细毛。雌蝶翅基部有灰黑部分占翅的一半，翅尖有三角形黑斑。雄蝶灰黑部分局限于翅基处，翅尖灰黑部分较淡。雌蝶的色彩一般比雄蝶深而明显。足细长，腹部细小，末端略尖，密被白色鳞片。

2. 防治方法

（1）农业防治。参照小菜蛾的防治。

（2）生物防治。

① 喷施细菌性杀虫剂：如 Bt 乳剂或青虫菌液剂 500~1 000 倍液，在气温 20℃以上 3 龄前喷施，连喷 3 次，隔 7~15 天喷 1 次。

②喷施菜青虫颗粒体病毒制剂：若无现成制剂，可用 5 龄病死虫体 10~13 头/亩，捣烂对水 37~150kg/亩均匀喷雾，菜心、白菜从定植至收获喷 1~2 次，椰菜、芥蓝则全期喷施 3~4 次，隔 10~15 天 1 次。

（3）化学防治。凡适用小菜蛾的化学农药均可用于防治菜青虫。此外，各地视菜青虫的抗药性发展情况，还可选用下列药剂：40% 甲基锌硫磷乳剂 1 000~2 000 倍液，或 4.5% 高效氯氰菊酯乳油 2 000~3 000 倍液，或 0.5% 栋青杀虫乳油 600~1 200 倍，或 0.5% 藜芦碱醇溶液 500~700 倍液，或 1% 苦参碱溶液 450~1 000 倍液，或 15% 乐溴乳油 2 000~3 000 倍液，或 70% 溴马乳油 2500~5 000 倍液，或 70% 敌溴乳油 4500~7 000 倍液，或 37% 高效顺反氯马乳油 800~1600 倍液，或 25% 辛氰乳油 2500~5 000 倍液，或 20% 菊杀乳油 2 000~4 000 倍液，或功夫 3 000~5 000 倍液和库龙 1500~2 000 倍液混用。

四、甘蓝夜蛾

1.症状诊断识别

甘蓝夜蛾广泛分布于各地，是一种杂食性害虫，除大田作物、果树、野生植物外，对蔬菜也是一种主要害虫，它可为害甘蓝、白菜、萝卜、菠菜、胡萝卜等多种蔬菜。在昆虫分类中属于鳞翅目的夜蛾科。另外，还一个很普遍的名字称为甘蓝夜盗虫。

成虫： 体长 10~25mm，翅展 30~50mm。体、翅灰褐色，复眼黑紫色，前足胫节末端有巨爪。前翅中央位于前缘附近内侧有一环状纹，灰黑色，肾状纹灰白色。外横线、内横线和亚基线黑色，沿外缘有黑点 7 个，下方有白点 2 个，前缘近端部有等距离的白点 3 个。亚外缘线色白而细，外方稍带淡黑。缘毛黄色。后翅灰白色，外缘一半黑褐色。

卵： 半球形，底径 0.6~0.7mm，上有放射状的三序纵棱，棱间有一对下陷的横道，隔成一行方格。初产时黄白色，后来中央和四周上部出现褐斑纹，孵化前变紫黑色。

幼虫： 体色随龄期不同而异，初孵化时，体色稍黑，全体有粗毛，体长约 2mm。2 龄体长 8~9mm，全体绿色。1~2 龄幼虫仅有 2 对腹足（不包括臀足）。3 龄体长 12~13mm，全体呈绿黑色，具明显的黑色气门线。3 龄后具腹足四对。4 龄体长 20mm 左右，体色灰黑色，各体节线纹明显。老熟幼虫体长约 40mm，头部黄褐色，胸、腹部背面黑褐色，散布灰黄色细点，腹面淡灰褐色，前胸背板黄褐色，近似梯形，背线和亚背线为白色点状细线，各节背面中央两侧沿亚背线内侧有黑色条纹，似倒 " 八 " 字形。气门线黑色，气门下线为 1 条白色宽带。臀板黄褐色椭圆形，腹足趾钩单行单序中带。

蛹： 长 20mm 左右，赤褐色，蛹背面由腹部第一节起到体末止，中央具有深褐色纵行暗纹 1 条。腹部第五至第七节近前缘处刻点较密而粗，每刻点的前半部凹陷较深，后半部较浅。臀刺较长，深褐色，末端着生 2 根长刺，刺从基部到中部逐渐变细，到末端膨大呈球状，似大头钉。

甘蓝夜蛾的发生往往出现年代中的间歇性暴发，在冬季和早春温度和湿度适宜时，羽化期早而较整齐，易于出现暴发性灾年。具体讲，当日平均温度在 18~25℃、相对湿度 70%~80% 时最有利于它的发育。高温干旱或高温高湿对它

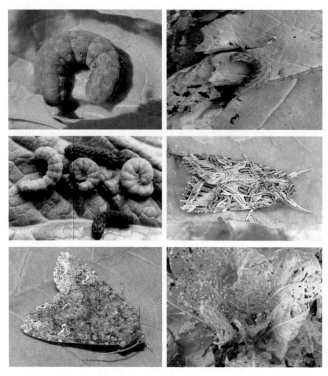

的发育不利。所以，夏季是个明显的发生低潮。与其他害虫不同的重要一点是成虫需要补充营养。成虫期，羽化处附近若有充足的蜜、露，或羽化后正赶上有大量的开花植物，都可能引起大发生（图2-20）。

为害特点：它主要是以幼虫为害作物的叶片，初孵化时的幼虫围在一起于叶片背面进行为害，白天不动，夜晚活动啃食叶片，而残留下表皮，大龄的（4龄以后），白天潜伏在叶片下、菜心、地表或根周围的土壤中，夜间出来活动，形成暴食。严重时，往往能把叶肉吃光，仅剩叶脉和叶柄，吃完一处再成群结队迁移为害，包心菜类常常有幼虫钻入叶球并留了不少粪便，污染叶球，还易引起腐烂。

图2-20 甘蓝夜蛾为害症状及形态

2.防治方法

（1）诱杀成虫。晚上用黑光灯或糖醋蜜诱杀成虫。糖醋蜜配方为糖5份，酒5份，醋20份，加入50%敌敌畏1份混合拌匀，傍晚置于距地面1m高处诱杀成虫。

（2）释放赤眼蜂。每亩设6~8个放蜂点，每次释放2 000~3 000只。在结球甘蓝田间作胡萝卜等伞形科植物，以引诱寄生蝇前来产卵，孵出的幼蛆钻入幼虫体内寄生，寄生率达80%。

（3）在幼虫2龄前群集为害时开始喷药防治。常用药剂有40%菊杀乳油或40%菊马乳油2 000~3 000倍液。

五、斜纹夜蛾

1.症状诊断识别

斜纹夜蛾在国内各地都有发生，是一种暴食性害虫，也是一种杂食性害虫，在蔬菜中对白菜、甘蓝、芥菜、马铃薯、茄子、番茄、辣椒、南瓜、丝瓜、冬瓜以及藜科、百合科等多种作物都能进行为害。在分类中属于鳞翅目夜蛾科。它主要以幼虫为害全株、小龄时群集叶背啃食。3龄后分散为害叶片、嫩茎、老龄幼虫可蛀食果实。其食性既杂又为害各器官，老龄时形成暴食，是一种为害性很大的害虫。幼虫体色变化很大，主要有3种：淡绿色、黑褐色、土黄色。

成虫：体长14~20mm，翅展35~46mm，体暗褐色，胸部背面有白色丛毛，前翅灰褐色，花纹多，内横线和外横线白色、呈波浪状、中间有明显的白色斜阔带纹，所以称斜纹夜蛾。

卵：扁平的半球状，初产黄白色，后变为暗灰色，块状黏合在一起，上覆黄褐色绒毛。

幼虫：体长33~50mm，头部黑褐色，胸部多变，从土黄色到黑绿色都有，体表散生小白点，冬节有近似三角形的半月黑斑1对。

蛹：长15~20mm，圆筒形，红褐色，尾部有1对短刺（图2-21）。

发生规律：一是年发生代数。一年4~5代，以蛹在土下3~5cm处越冬。

二是活动习性。成虫白天潜伏在叶背或土缝等阴暗处，夜间出来活动。每只雌蛾能产卵3~5块，每块有卵位100~200个，卵多产在叶背的叶脉分叉处，经5~6天就能孵出幼虫，初孵时聚集叶背，4龄以后和成虫一样，白天躲在叶下土表处或土缝里，傍晚后爬到植株上取食叶片。

图2-21　斜纹夜蛾为害症状与形态

三是趋性。成虫有强烈的趋光性和趋化性，黑光灯的效果比普通灯的诱蛾效果明显，另外对糖、醋、酒味很敏感。

四是生育与环境。 卵的孵化适温是 24℃左右，幼虫在气温 25℃时，历经 14~20 天，化蛹的适合土壤湿度是土壤含水量在 20% 左右，蛹期为 11~18 天。

2. 防治方法

（1）农业防治。

① 清除杂草，收获后翻耕晒土或灌水，以破坏或恶化其化蛹场所，有助于减少虫源。

② 结合管理随手摘除卵块和群集为害的初孵幼虫，以减少虫源。

（2）生物防治。利用雌蛾在性成熟后释放出一些称为性信息素的化合物，专一性地吸引同种异性与之交配，而我们则可通过人工合成并在田间缓释化学信息素引诱雄蛾，并用特定物理结构的诱捕器捕杀靶标害虫，从而降低雌雄交配，降低后代种群数量而达到防治的目的。使用该技术不仅在靶标害虫种群下降和农药使用次数减少的同时，降低农残，延缓害虫对农药抗性的产生。同时，保护了自然环境中的天敌种群，非目标害虫则因天敌密度的提高而得到了控制，从而间接防治次要害虫的发生。达到农产品质量安全、低碳经济和生态建设要求。

（3）物理防治。

① 点灯诱蛾：利用成虫趋光性，于盛发期点黑光灯诱杀。

② 糖醋诱杀：利用成虫趋化性配糖醋（糖：醋：酒：水 =3:4:1:2）加少量敌百虫诱蛾。

③ 柳枝蘸洒 500 倍敌百虫诱杀蛾子。

（4）药剂防治。交替喷施 21% 灭杀毙乳油 6 000~8 000 倍液，或 50% 氰戊菊酯乳油 4 000~6 000 倍液，或 20% 氰马或菊马乳油 2 000~3 000 倍液，或 2.5% 功夫、2.5% 天王星乳油 4 000~5 000 倍液，或 20% 灭扫利乳油 3 000 倍液，或 80% 敌敌畏、或 2.5% 灭幼脲、或 25% 马拉硫磷 1 000 倍液，或 5% 卡死克、或 5% 农梦特 2 000~3 000 倍液，2~3 次，隔 7~10 天 1 次，喷匀喷足。

六、甜菜夜蛾

1. 症状诊断识别

甜菜，夜蛾俗称白菜褐夜蛾，隶属于鳞翅目、夜蛾科，是一种世界性分布、间歇性大发生的为害蔬菜为主的杂食性害虫。

成虫：体长 8~10mm，翅展 19~25mm。灰褐色，头、胸有黑点。前翅灰褐色，基线仅前段可见双黑纹；内横线双线黑色，波浪形外斜；剑纹为一黑条；环纹粉黄色，黑边；肾纹粉黄色，中央褐色，黑边；中横线黑色，波浪形；外横线双线黑色，锯齿形，前、后端的线间白色；亚缘线白色，锯齿形，两侧有黑点，外侧在 M1 处有一个较大的黑点；缘线为一列黑点，各点内侧均衬白色。后翅白色，翅脉及缘线黑褐色。

卵：圆球状，白色，成块产于叶面或叶背，8~100 粒不等，排为 1~3 层，外面覆有雌蛾脱落的白色绒毛，因此，不能直接看到卵粒。

末龄幼虫：体长约 22mm，体色变化很大，由绿色、暗绿色、黄褐色、褐色至黑褐色，背线有或无，颜色亦各异。较明显的特征为：腹部气门下线为明显的黄白色纵带，有时带粉红色，此带直达腹部末端，不弯到臀足上，是有别于甘蓝夜蛾的重要特征，各节气门后上方具一明显白点。

蛹：长 10mm，黄褐色，中胸气门外突。北京、陕西、江苏、河南、山东等省市年生 4~5 代，多世代重叠。以蛹在土内越冬，少数未老熟幼虫在杂草上及土缝中越冬，冬暖时仍见少量取食。在亚热带和热带地区可周年发生，无越冬休眠现象。该虫属间歇性猖獗为害的害虫，不同年份发生情况差异较大，近年该虫为害呈上升的趋势（图 2-22）。

2. 防治方法

（1）农业防治。秋耕或冬耕，深翻土壤，可消灭部分越冬蛹；春季 3—4 月清除杂草，消

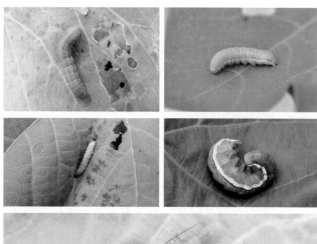

图 2-22　褐夜蛾为害症状及形态

灭杂草上的初龄幼虫；结合田间管理，人工采卵，摘除初孵幼虫群集的叶片，集中处理。

（2）保护利用天敌。甜菜夜蛾天敌种类繁多，是重要的自然控制因素，前期节制使用广谱性农药，以保护菜田天敌。

（3）药剂防治幼虫。甜菜夜蛾在2龄以前抗药性最弱，是用药防治的最佳时期；2龄以后虫体抗药性增强，虫体越大，药剂防治效果越差，所以，要及早进行防治。对甜菜夜蛾最有效的防治方法为触杀。应选择上午8:00以前，或下午6:00以后害虫正在菜叶表面活动时用药效果最佳，一般阳光强、温度高时不宜用药。因为，此时害虫早已潜伏在土缝间、草丛内，起不到直接触杀作用，防效不明显。目前，防治甜菜夜蛾的有特效无公害农药有48%乐斯本乳油1 000倍液，2.5%菜喜悬浮剂1 000~1 500倍液，52.25%农地乐乳油1 000~1 500倍液，10%除尽悬浮液1 000~1 500倍液，20%米满悬浮剂1 000~1 500倍液，还有抑太保、卡死克、宝路等。一般应从害虫发生初期开始喷药，每7~10天1次，连喷2~3次。喷药要均匀细致，做到上翻下扣，四面打透。由于该虫抗药性极强，要注意交替轮换使用杀虫机理不同的杀虫剂，要严格限制农药的使用次数和剂量，避免和延缓抗药性产生。

七、菜螟

1.症状诊断识别

菜螟俗称"钻心虫""吃心虫"等，是十字花科蔬菜苗期的重要害虫。成虫为褐色至黄褐色的近小型蛾子。体长约7mm，翅展16~20mm；前翅有3条波浪状灰白色横纹和1个黑色肾形斑，斑外围有灰白色晕圈。老熟幼虫体长约12mm，黄白色至黄绿色，背上有5条灰褐色纵纹（背线、亚背线和气门上线），体节上还有毛瘤，中后胸背上毛瘤单行横排各12个，腹末节毛瘤双行横排，前排8个，后排2个。生活习性该虫年发生3代（华北）至9代（华南），多以幼虫吐丝缀土粒或枯叶做丝囊越冬，少数以蛹越冬。在广州地区，该虫整年皆可发生为害，无明显越冬现象，但常年以处暑（8月下旬）至秋分（9月下旬）期间发生数量最多，此时，以花椰菜（花蕾形成前）受害较重；9—11月以萝卜特别是早播萝卜受害重；白菜类4—11月均受害较重。凡秋季天气高温干燥，有利于菜螟发生，如菜苗处于2~4叶期，则受害更重。成虫昼伏夜出，稍具趋光性，产卵于叶茎上散产，尤以心叶着卵量最多。初孵幼虫潜叶为害，3龄吐丝缀合心叶，藏身其中取食为害，4~5龄可由心叶、叶柄蛀入茎髓为害。幼虫有吐丝下垂及转叶为害习性。老熟幼虫多在菜根附近土面或土内作茧化蛹。发生规律每年发生1~3代，世代重叠，以老熟幼虫吐丝做土茧化蛹，在田间杂草、残叶或表土层中越冬。成虫飞翔力弱，卵散产于叶脉处，常2~5粒聚在一起。每雌平均产卵88粒。卵历期3~10天。幼虫孵化后昼夜取食。幼龄幼虫在叶背啃食叶肉，留下上表皮成天窗状，蜕皮时拉一薄网。3龄后将叶片食成网状、缺刻。幼虫共5龄，发育历期11~26天。幼虫老熟后变为桃红色，开始拉网，24小时后又变成黄绿色，多在表土层作茧化蛹，也有的在枯枝落叶下或叶柄基部间隙中化蛹。9月底或10上旬开始越冬（图2-23）。

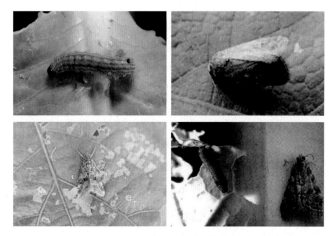

图2-23　菜螟虫为害症状及形态

为害特点：以幼虫钻蛀、取食幼苗心叶，并吐丝结网，受害苗因生长点被破坏而停止生长，甚至萎蔫死亡，不仅造成缺苗，而且其老龄虫还能钻蛀茎髓和根部，传播软腐病，导致菜株腐烂、减产。各地菜螟为害时期大多在8—10月。

2. 防治要点

（1）农业防治。

①收获后及时翻耕土地，清洁田园，以减少虫源。

②因地制宜适当调整播期，尽可能使菜苗3~5片真叶期与虫子盛发期错开，可减轻受害程度。

③适当浇灌水增加土壤湿度，可以抑制害虫。

（2）喷药防治。应掌握成虫盛发期和幼虫孵化期及时施药，或根据菜苗初见心叶被害时安排施药。药剂可选21%灭杀毙乳油、20%氰戊菊酯乳油、20%灭扫利乳油各6 000倍液，或2.5%功夫乳油4 000倍液，或2.5%天王星乳油各3 000倍液，或5%农萝特乳油，或5%卡死克乳油、5%抑太保乳油各5 000倍液，或库龙 1 500~2 000 倍和功夫 3 000 倍混用。注意交替喷施，确保药喷到菜苗心叶上，视苗情、虫情、天气连喷 2~3 次，隔 7~15 天喷 1 次，前密后疏。

八、黄曲条跳甲

1. 症状诊断识别

黄曲条跳甲属鞘翅目、叶甲科害虫，俗称狗虱虫、跳虱，简称跳甲，常为害叶菜类蔬菜，以甘蓝、花椰菜、白菜、菜薹、萝卜、芜菁、油菜等十字花科蔬菜为主，但也为害茄果类、瓜类、豆类蔬菜。

成虫：体长约 2 mm，长椭圆形，黑色有光泽，前胸背板及鞘翅上有许多刻点，排成纵行。鞘翅中央有一黄色纵条，两端大，中部狭而弯曲，后足腿节膨大、善跳。

卵：长约 0.3 mm，椭圆形，初产时淡黄色，后变乳白色。

幼虫：老熟幼虫体长 4 mm，长圆筒形，尾部稍细，头部、前胸背板淡褐色，胸腹部黄白色，各节有不显著的肉瘤。

蛹：长约 2 mm，椭圆形，乳白色，头部隐于前胸下面，翅芽和足达第五腹节，腹末有 1 对叉状凸起。

黄曲条跳甲在我国北方一年发生 3~5 代，南方 7~8 代，上海市 6~7 代。在南方无越冬现象，可终年繁殖。以成虫在田间、沟边的落叶、杂草及土缝中越冬，越冬期间如气温回升 10 ℃以上，仍能出土在叶背取食为害。越冬成虫于 3 月中下旬开始出蛰活动，在越冬蔬菜与春菜上取食活动，随着气温升高活动加强。4 月上旬开始产卵，以后越每月发生 1 代，因成虫寿命长，致使世代重叠，10—11 月间，第六代至第七代成虫先后蛰付越冬。春季 1~2 代（5—6 月）和秋季 5~6 代（9—10 月）为主害代，为害严重，但春节为害重于秋季，盛夏高温季节发生为害较少（图 2-24）。

图 2-24　黄曲条甲为害及成虫形态

为害特点：成、幼虫对寄主植物均可为害。

成虫咬食叶面成许多小孔，尤以幼苗受害最重，刚出土的幼苗，子叶被吃后或咬坏生长点可致整株死亡，造成缺苗，甚至毁种。幼虫在土中将菜株根皮蛀成许多环状弯曲虫道，或咬断须根。此虫的为害性越往南方越严重。

2. 防治要点

（1）农业防治。

① 抓好田园清洁，清除菜园残株落叶，铲除杂草，以消灭其越冬场所和食料基地。

② 收获后或播前及时翻耕晒土，创造不利于幼虫生活的环境并消灭部分虫蛹。

③ 提倡十字花科蔬菜与其他菜类轮作，可减轻受害。

④ 加强苗期水肥管理。

⑤ 移栽时选用无虫苗，如发现根部有虫，可用药液浸根，如90%敌百虫晶体1 000倍液或2.5%鱼藤乳油600~800倍液。

（2）物理防治。设黑光灯诱杀成虫。

（3）化学防治。

① 淋施以药剂灌根为主要措施：可选用50%辛硫磷乳油，或18%杀虫双水剂，或10%吡虫啉可湿性粉，或90%敌百虫晶体1 000倍液分别淋施。

② 播前土壤处理：可用5%辛硫磷颗粒剂（3kg/亩），或用米乐尔（1.5kg/亩），或上述淋施植穴的药剂处理土壤，对毒杀幼虫和蛹效果好，残效期达20天以上，使用1次即可。

③ 喷施：在成虫活动盛期，从田边向田内围喷，以苗期为防治重点。药剂除上述各药外，还可选用2.5%功夫或天王星，或5%快杀敌乳油5 000倍液，或20%灭扫利乳油3 000倍液，或90%巴丹可溶性粉剂1 000~2 000倍液，或18%杀虫双水剂300倍液，或21%灭杀毙乳油4 000倍液。

九、猿叶虫

1. 症状诊断识别

猿叶虫包括大猿叶虫和小猿叶虫2种，成虫俗称乌壳虫；幼虫俗称癞虫、弯腰虫，分类上均属鞘翅目、叶甲科。猿叶虫成虫为体呈椭圆形蓝黑色略带光泽的硬壳虫子。大猿叶虫体长约5mm，鞘翅上刻点排列不规则，后翅发达能飞翔；

小猿叶虫体长约 3.5mm，鞘翅上刻点排列规则（每翅刻点 8 行半），后翅退化不能飞翔。末龄幼虫体色灰黑而带黄，体呈弯曲，体长 6~7.5mm，上长黑色肉瘤。大猿叶虫肉瘤较多（每体节 20 个），大小不一，瘤上刚毛不明显；小猿叶虫肉瘤较少（每体节 8 个），瘤上刚毛明显。大猿叶虫年发生世代，北方 2 代/年，长江流域 2~3 代/年，广西壮族自治区 5~6 代/年，以成虫在枯叶、土隙、菜叶下越冬，4—5 月和 9—11 月为为害盛期，6—8 月潜入土中越夏，成虫平均寿命 3

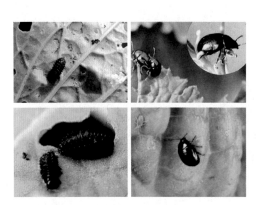

图 2-25　猿叶虫为害症状及形态

个月，多产卵于菜根附近及植株心叶上，堆产（每卵块 20 余粒）；成幼虫日夜取食，均具假死性。小猿叶虫在南方与大猿叶虫混杂发生，在长江流域年发生 3 代，在广东省年发生 5 代，无明显越冬现象，高温期亦蛰伏越夏，成虫寿命更长（平均 2 年），产卵习性与大猿叶虫不同，卵散产于叶柄或叶脉上，先咬一孔，每孔粒。其他习性与大猿叶虫相同（图 2-25）。

为害特点： 主要为害十字花科的白菜、菜心、芥蓝、黄芽白、芥菜、萝卜、西洋菜等蔬菜。以成幼虫食叶为害，致叶片呈孔洞或缺刻，严重时食叶成网状，仅留叶脉及虫粪污染，不能食用，造成叶菜减产。

2. 防治方法

（1）农业防治。

① 清洁田园：结合积肥，清除杂草、残株落叶，恶化成虫越冬条件，或在田间堆放菜叶、杂草进行诱杀。

② 人工捕杀：利用成、幼虫假死性，以盛有泥浆或药液的广口容器在叶下承接，击落集中杀死之。

（2）化学药剂防治。掌握成、幼虫盛发期喷施或淋施 25% 农梦特，或卡死克或抑太保 3 000~4 000 倍液，或 21% 灭杀毙 5 000~6 000 倍液，或 40% 菊杀乳油 2 000~3 000 倍液，或 50% 辛硫磷乳油，或 90% 巴丹可湿粉 1 000~1 500 倍液，或 50% 敌敌畏乳油，或 90% 敌百虫结晶 1 000 倍液，每虫期施药 1~2 次，交替施用，喷匀淋足。

第三章
豆科蔬菜病虫害及防治技术

第一节　豆科蔬菜病害及防治技术

一、菜豆锈病

锈病是菜豆生产中常发的一种重要病害，特别在植株生长中后期的中下部叶片，发生严重时有数百至上千个孢子堆，严重影响叶片的光合作用，还造成水分大量蒸腾，叶片脱落，减产又降低质量（图3-1）。

图 3-1　菜豆锈病症状

1. 症状诊断识别

菜豆锈病的病原是疣顶单胞锈菌，属于担子菌的真菌，它可在同一寄主——菜豆上产生5种类型的孢子（即担孢子、性孢子、锈孢子、夏孢子和冬孢子）。此病主要为害叶片。在菜豆生长中后期发生，染病叶先出现许多分散的褪绿小点，后稍隆起呈黄褐色疱斑（病菌的夏孢子堆），发病初期，叶背产生淡黄色的小斑点，疱斑表皮破裂散出锈褐色粉末状物（此为病菌的夏孢子），夏孢子堆成熟后，或在生长晚期会长出或转变为黑褐色的冬孢子堆，其中，生成许多冬孢子。叶柄和茎部染病，严重时为害叶柄、蔓、茎和豆荚。生出褐色长条状凸起疱斑（夏孢子堆），后转变为黑褐色的冬孢子堆。豆荚染病与叶片相似，但夏孢子堆和冬孢子堆稍大些，病荚所结籽粒不饱满。表皮破裂，散出近锈色粉状物，通常叶背面发生较多，严重时，锈粉覆满叶面。

2.菜豆锈病防治方法

（1）清洁田园，加强肥水管理，适当密植，棚室栽培尤应注意通风降温。收获后即时清除并销毁病残体，减少初侵染菌源。

（2）因地因时制宜选种抗病品种。选育和选用抗病高产良种，常年重病地区尤为重要。一般蔓生品种较感病，矮生品种抗性强些；蔓生品种中又以细花品种较抗病，大、中花品种较感病。

必要时调整春秋植面积比例，以减轻为害。在南方一些地区，例如，广州地区，菜豆锈病春植病情远重于秋植，在无理想抗病品种或理想防治药剂而病害严重的地方，可因地制宜地调整春秋植面积比例，或适当调整播植期以避病。

（3）采取切实有效措施降低田间湿度，适当增施磷钾肥提高植株抗性。

（4）按无病早防、有病早治的要求，及早喷药预防控病。药剂防治，发病初期应即选喷下列药剂：

15%粉锈宁可湿性粉剂 1 500 倍液；

20%粉锈宁乳油 2 000 倍液；

10%世高水分散性颗粒剂 1 500~2 000 倍液；

40%多硫悬浮剂 350~400 倍液。根据田间病情和天气条件可隔 7~15 天喷 1 次，连续喷 2~4 次。

二、菜豆炭疽病

1.症状诊断识别

菜豆炭疽病是由半知菌亚门、刺盘孢属真菌侵染所致。病菌以菌丝体在种皮下或随病残体在土壤中越冬。条件适宜时借风雨、昆虫传播（图 3-2）。

菜豆炭疽病，幼苗发病，子叶上出现红褐色近圆形病斑，凹陷成溃疡状。幼茎上生锈色小斑点，后扩大成短条锈斑，常使幼苗折倒枯死。成株发病，叶片上病斑多沿叶脉发生，成黑褐色多角形小斑点，扩大至全叶后，叶片萎蔫。茎上病斑红褐色，稍凹陷，呈圆形或椭圆形，外缘有黑色轮纹，龟裂。潮湿时病斑上产生浅红色黏状物。果荚染病，上生褐色小点，可扩大至直径 1cm 的大圆形病斑，中心黑褐色，边缘淡褐色至粉红色，稍凹陷，易腐烂。菜豆炭疽病是由半知菌亚

门、刺盘孢属真菌侵染
所致。病菌以菌丝体在
种皮下或随病残体在土
壤中越冬。条件适宜时
借风雨、昆虫传播。该
病菌发育最适宜温度为
17℃，空气相对湿度为
100%。温度低于13℃，
高于27℃，相对湿度在
90%以下时，病菌生育
受抑制，病势停止发展。
因此，温室内有露、雾
大，易发此病，此外栽

图3-2　菜豆炭疽病症状

植密度过大，地势低洼，排水不良的地块易发病。

2.防治方法

菜豆炭疽病应当实行综合防治，具体来说，可从以下几方面做起。

（1）选播无病种子和搞好种子处理，在无病区繁育种子或从无病株上采收种子，并在播前用药剂处理种子。

（2）加强田间管理，改进栽培技术，用地膜或稻草等覆盖栽培，可防止或减轻土壤病菌传播。

（3）实施药剂防治，田间发现病株后及时喷药。

（4）其他防治方法。

① 实行2~3年轮作、深翻改土，结合深翻，土壤喷施"免深耕"调理剂，增施有机肥料、磷钾肥和微肥，适量施用氮肥，改善土壤结构，提高保肥保水性能，促进根系发达，植株健壮。

② 选用抗病品种，播种时以50%四氯苯醌可湿性粉剂拌种，或50%多菌灵可湿性粉剂拌种，进行种子消毒（药量为种子量的0.2%），加强苗床管理，培育无菌壮苗。定植前7天和当天，分别细致喷洒两次杀菌剂，做到净苗入室，减少病害发生。

③ 栽植前实行火烧土壤、高温焖室，铲除室内残留病菌，栽植以后，严格实行封闭型管理，防止外来病菌侵入和互相传播病害。

④ 结合根外追肥和防治其他病虫害，每 10~15 天喷施 1 次 600~1 000 倍 "2116"（或 5 000 倍康凯或 5 000 倍芸苔素内酯）连续喷洒 4~6 次，提高菜豆植株自身的适应性和抗逆性，提高光合效率，促进植株健壮，减少发病。

⑤ 增施二氧化碳气肥，搞好肥水管理，调控好植株营养生长与生殖生长的关系，促进植株长势健壮，提高营养水平，增强抗病能力。

⑥ 全面覆盖地膜，加强通气，调节好温室的温度与空气相对湿度，使温度白天维持在 23~27℃，夜晚维持在 14~18℃，空气相对湿度控制在 70% 以下，以利于菜豆正常的生长发育，不利于病害的侵染发展，达到防治病害之目的。

三、菜豆根腐病

1. 症状诊断识别

菜豆根腐病是由因半知菌亚门镰孢属、菜豆腐皮镰孢真菌等微生物侵染导致的一种植物常见病。只要预防和治疗得当，为害是可以减轻的（图 3-3）。

一般从复叶出现后开始发病，植株表现明显矮小，开花结荚后，症状逐渐明显，植株下部叶片枯黄，叶片边缘枯萎，但不脱落，植株易拔除。主根上部、茎地下部变褐色或黑色，病部稍凹陷，有时开裂。纵剖病根，维管束呈红褐色。主根全部染病后，地上茎叶萎蔫枯死。潮湿时，病部产生粉红色霉状物，即病菌分生孢子。病菌在病残体上或土壤中越冬，可存活 10 年左右。病菌主要借土壤传播，通过灌水、施肥及风雨进行侵染。病菌最适宜生育温度为 29~30℃，最高 35℃，最低 13℃。土壤湿度大，灌水多，利于该病发展；连作、地势低洼、排水不良，发病较重。

图 3-3　菜豆根腐病症状

2. 防治方法

要坚持"预防为主、综合防治"的植保方针，认真抓好农业防治、化学防治等综合防治措施。

（1）实行 2~3 年轮作、深翻改土，结合深翻，土壤喷施"免深耕"调理剂，增施有机肥料、磷钾肥和微肥，适量施用氮肥，改善土壤结构，提高保肥保水性能，促进根系发达，植株健壮。

（2）选用抗病品种，播种时以 50% 四氯苯醌可湿性粉剂拌种，或 50% 多菌灵可湿性粉剂拌种，进行种子消毒（药量为种子量的 0.2%），加强苗床管理，培育无菌壮苗。定植前 7 天和当天，分别细致喷洒 2 次杀菌剂，做到净苗入室，减少病害发生。

（3）栽植前实行火烧土壤、高温焖室，铲除室内残留病菌，栽植以后，严格实行封闭型管理，防止外来病菌侵入和互相传播病害。

（4）结合根外追肥和防治其他病虫害，提高菜豆植株自身的适应性和抗逆性，提高光合效率，促进植株健壮，减少发病。

（5）增施二氧化碳气肥，搞好肥水管理，调控好植株营养生长与生殖生长的关系，促进植株长势健壮，提高营养水平，增强抗病能力。

（6）全面覆盖地膜，加强通气，调节好温室的温度与空气相对湿度，使温度白天维持在 23~27℃，夜晚维持在 14~18℃，空气相对湿度控制在 70% 以下，以利于菜豆正常的生长发育，不利于病害的侵染发展，达到防治病害之目的。

（7）在化学防治上，定植前要搞好土壤消毒，结合翻耕，杀灭土壤中残留病菌。

四、菜豆枯萎病

1. 症状诊断识别

菜豆枯萎病，是真菌引起的一种菜豆病害。一般花期开始发病，病害由茎基迅速向上发展，引起茎一侧或全茎变为暗褐色，凹陷，茎维管束变色。病叶叶脉变褐，叶肉发黄，继而全叶干枯或脱落。病菌通过流水、雨水、农具、土壤、肥料等传播（图 3-4）。

病菌随病残体在田间越冬，在土中可以长期存活，种子也带菌，从菜豆的根尖或伤口侵入。气温 20℃ 以上时田间开始现病株，气温上升到 24~28℃，病害盛发，相对湿度 70% 以上，病害发展迅速。

图 3-4　菜豆枯萎病症状

2. 防治方法

（1）选用抗病品种。

（2）种子消毒。用种子重量 0.5% 的 50% 多菌灵可湿性粉剂拌种。

（3）与白菜类、葱蒜类实行 3~4 年轮作，不与豇豆等连作。

（4）高垄栽培，注意排水。

（5）及时清理病残株，带出田外，集中烧毁或深埋。

五、菜豆细菌性疫病

1. 症状诊断识别

菜豆细菌性疫病为细菌病，是由黄单孢杆菌（属细菌）侵染所致。病菌主要在种子内越冬，也可随病残体在土壤中越冬。可存活 2~3 年。植株发病后产生菌脓，借风雨、昆虫传播，从植物叶的水孔、气孔及伤口侵入。该病发病最适宜温度为 30℃，高湿高温条件下，发病严重。细菌性疫病主要侵染叶、茎蔓、豆荚和种子。幼苗出土后，子叶呈红褐色溃疡状，叶片染病，初生暗绿色油浸状小斑点，后逐渐扩大成不规则形，病斑变褐色，干枯变薄，半透明状，病斑周围有黄色晕圈，干燥时易破裂。严重时病斑相连，全叶枯干，似火烧一样，病叶一般不脱落。高湿高温时，病叶可凋萎变黑（图3-5）。

图3-5　菜豆细菌性疫病症状

茎上染病，病斑红褐色，稍凹陷，长条形龟裂。叶片上病斑不规则形，褐色，干枯后组织变薄，半透明，病斑周围有黄色晕环。豆荚上初生油浸状斑马点，扩大后不规则形，红色，有的带紫色，最终变为褐色。病斑中央凹陷，斑面常有淡黄色的菌脓。

细菌性疫病是由黄单孢杆菌（属细菌）侵染所致。病菌主要在种子内越冬，也可随病残体在土壤中越冬。植株发病后产生菌脓，借风雨、昆虫传播。该病发病最适宜温度为30℃，高湿高温条件下，发病严重。

2. 防治方法

（1）选用无病种子播种。

（2）与非豆科蔬菜实行2年以上的轮作。加强田间管理，及时中耕除草和防治害虫。

六、菜豆角斑病

1. 症状诊断识别

菜豆角斑病主要在花期后发病，为害叶片，产生多角形黄褐色斑，后变紫褐

图3-6　菜豆角斑病症状

色，叶背簇生灰紫色霉层，即病菌子实体。严重时，为害荚果，荚上现出直径1cm或稍大的大块霉斑，斑边缘紫褐色，中间黑色，后期密生灰紫色霉层，病斑不凹陷别于炭疽病。严重时可使种子霉烂。发病成为翌年初侵染源，生长季为害叶片，并产生分生孢子进行再侵染。扩大为害，秋季为害豆荚，并潜伏在种子上越冬，一般秋季发生重（图3-6）。

2. 防治方法

（1）选无病株留种，并用45℃温水浸种10分钟进行种子消毒。

（2）发病重的地块收获后进行深耕，有条件的可行轮作。

（3）发病初期喷洒77%可杀得可湿性微粒粉剂500倍液、64%杀毒矾可湿性粉剂500倍液，60%琥·乙磷铝可湿性粉剂500倍液，隔7~10天1次，防治1~2次。

七、菜豆白绢病

1. 症状诊断识别

菜豆白绢病病原为半知菌亚门的齐整小核菌，其有性阶段归担子菌亚门的白绢薄膜革菌，但在自然条件下很少产生。病菌主要以无性态的小菌核遗落在土壤中存活越冬。其存活力相当强，在自然条件下经过5~6年时间仍具萌发力（图3-7）。

病部初呈暗褐色水渍状病变，向茎的上部延伸，或向地面呈辐射状扩展。幼嫩的菌核如纽扣状，白至乳黄色，老熟的菌核如油菜子状，球形，褐色至棕褐色。随着病情的发展，茎部皮层腐烂，甚至露出木质部，终致全株萎蔫枯死。

发病特点：菌核可借助流水、灌溉水、雨水溅射等而传播，萌发产生菌丝，

从植株根部或茎基部的
伤口侵入致病。发病后
病部形成的菌核又可萌
发进行再侵染扩大为害。
施用未腐熟的有机肥、
植地连作，或酸性沙壤
土或过度密植、株间通
透不良等，皆易诱发本
病。品种间抗病性差异
尚缺调查。一些一般表

图3-7　菜豆白绢病症状

现抗病性较强的品种，如外引的蔓生种碧丰（荷引）和矮生种供给者（美引）等
是否也抗白绢病，有待于各地进一步观察确定。

2.防治方法

对菜豆白绢病应以栽培防病为主，药物防治为辅。具体抓好以下环节。

（1）重病区注意从已知的一般表现抗病性良好的品种中寻找抗病品种。

（2）重病田水旱轮作一年防病效果很好。或利用夏季高温地膜覆盖湿润土
2~4周，结合施哈茨木真菌生物制剂（7.5~15kg/hm²），处理后整地秋植。

（3）在种植前，每亩用绢遁1 000g加细干土20kg以上，深翻土壤后，均匀
撒施于地表，然后耙地或旋耕。

（4）抓药土营养杯育苗或药土穴施护种（苗）（五氯硝基苯或40%三唑酮多
菌灵可湿粉按1∶500配成药土）。

（5）定植后至初花期淋喷绢遁800~1 000倍液，或5%田安水剂或井冈霉素
水剂600~1 000倍液2~3次，见病后在拔除并妥善处理病株的基础上，用绢遁
1 000g加细干土20kg以上，撒施病穴及周围土面，封锁发病中心。或继续淋施
上述药剂。

（6）适当增施石灰，改良土壤酸性。

八、菜豆病毒病

1.症状诊断识别

菜豆病毒病是菜豆的系统性病害，在我国各地均有发生，为害严重时影响菜

图3-8　菜豆病毒病症状

豆结荚，降低产量，还可使菜豆丧失商品价值（图3-8）。

菜豆病毒病多表现系统性症状，病株出苗后即显症，因引起该病的病原种类很多，田间多发生混合侵染而产生不同症状。植株受害后，叶片出现明脉、产生褪绿带、斑驳或绿色部分凹凸不平，叶片皱缩、扭曲、畸形，植株生长受抑制，株形矮小，开花迟缓或落花，开花结荚明显减少，豆荚短小，有时出现绿色斑点。

发生特点：此病主要由菜豆普通花叶病毒、菜豆黄花叶病毒、黄瓜花叶病毒菜豆系、番茄不孕病毒、烟草花叶病毒、马铃薯Y病毒和芜菁花叶病毒等多种病毒单独或几种混合侵染引起。病原主要来源于种子，主要靠蚜虫传播，也可由病株汁液摩擦及农事操作传播。高温干旱，是此病害发生严重的重要条件。年度间春、秋季温度偏高、少雨、蚜虫发生量大的年份发病重，栽培管理粗放、农事操作不注意防止传毒、多年连作、地势低洼、缺肥、缺水、氮肥施用过多的田块发病重。

2. 防治方法

（1）及时防治好蚜虫减少传染媒介，药剂可选用蚜虱净可湿性粉剂2 000～2 500倍液。

（2）选用抗（耐）病品种，种植无病种子，播前种子消毒处理。

（3）培育无病适龄壮苗。无病株采种，无病土育苗，适期播种。育苗阶段注意及时防治蚜虫，有条件的采用防虫网覆盖育苗或用银灰色遮阳网育苗避蚜防病。

（4）加强栽培管理。发病初期应及时拔除病株并在田外销毁，清理田边杂草，减少病毒来源。合理密植，土壤施足腐熟有机肥，增施磷钾肥，使土层疏松肥沃，促进植株健壮生长，减轻病害。收获后及时清除病残体，深翻土壤，加速病残体的腐烂分解。

（5）药剂防治。发病初期开始喷药保护，每隔7~10天喷药1次，连用1~3次，具体视病情发展而定，以病毒灵、杀菌剂混用。

九、菜豆灰霉病

1. 症状诊断识别

菜豆灰霉病是一种植物的病，先在根颈部向上 11~15cm 处出现纹斑，周缘深褐色，中部淡棕色或浅黄色，干燥寸病斑表皮破裂形成纤维状，湿度大时上生灰色霉层（图3-9）。

图3-9　菜豆灰霉病症状

茎、叶、花及荚均可染病。先在根颈部向上处现出纹斑，周缘深褐色，中部淡棕色或浅黄色，干燥时病斑表皮破裂形成纤维状，湿度大时上生灰色霉层。感病部位形成凹陷水浸斑，后萎蔫。苗期子叶受害，呈水浸状变软下垂，后叶缘长出白灰霉层即病菌分生孢子梗和分生孢子。叶片染病，形成较大的轮纹斑，后期易破裂。荚果染病先侵染败落的花，后扩展到荚果，病斑初淡褐至褐色后软腐，表面生灰霉。

2. 防治方法

由于此病侵染快且潜育期长，又易产生抗药性，目前主要推行生态防治、农业防治与化学防治相结合的综防措施。

（1）生态防治。棚室围绕降低湿度，采取提高棚室夜间温度，增加白天通风时间，从而降低棚内湿度和结露持续时间，达到控病的目的。

（2）及时摘除病叶，病果。为避免摘除时传播病菌，用塑料小袋套上再摘，连袋集中销毁。

（3）定植后发现零星病叶即开始喷洒 50% 速克灵可湿性粉剂 1500~2 000 倍液，50% 农利灵可湿性粉剂 1 000~7 500 倍液、50% 扑海因可湿性粉剂 1 000 倍液加 90% 三乙磷酸铝（乙膦铝）可湿性粉剂 800 倍液、45% 持克多悬浮剂 4 000 倍液、50% 混杀疏悬浮剂 600 倍液。对速克灵产生抗药性的地区，可改用 65 厂甲霉灵或 50% 多霉灵可湿性粉剂 900 倍液。

十、豇豆锈病

豇豆锈病是一个由豇豆单胞锈菌引起的发生在较老的叶片上、茎和豆荚上的病变，其症状为初生黄白色的斑点、稍隆起（图 3-10）。

1. 症状诊断识别

豇豆锈病多发生在较老的叶片上，茎和豆荚也发生。叶片初生黄白色的斑点，稍隆起，后逐渐扩大，呈黄褐色疱斑（夏孢子堆），表皮破裂，散出红（黄）褐色粉末状物（夏孢子）。夏孢子堆多发生在叶片背面，严重时，也发生在叶面上。后期在夏孢子堆或病叶其他部位上产生黑色的冬孢子堆。有时在叶片正面及茎、荚上产生黄色小斑点（性孢子器），以后在这些斑点的周围（茎、荚）或在叶片背面产生橙红色斑点（锈子器），再继续进一步形成夏孢子堆

图 3-10　豇豆锈病症状

及冬孢子堆。性孢子器和锈孢子器很少发生。

2. 防治方法

收获后集中病残体烧毁，消灭越冬菌源。喷洒杀菌剂：50%萎锈灵可湿性粉剂1 000倍液；或65%代森锌可湿性粉剂500倍液；或70%甲基托布津可湿性粉剂1 000倍液；或50%多菌灵可湿性粉剂800~1 000倍液；或20%粉锈宁乳油1 500~2 000倍液，每隔10天左右喷药1次，共2~3次。

十一、豇豆病毒病

1. 症状诊断识别

豇豆病毒病以秋豇豆发病较重，病株初在叶片上产生黄绿相间的花斑，后浓绿色部位逐渐突起呈疣状，叶片畸形；严重病株生育缓慢、矮小，开花结荚少。豆粒上产生黄绿花斑；有的病株生长点枯死，或从嫩梢开始坏死（图3-11）。

图3-11　豇豆病毒病症状

2. 防治措施

（1）合理轮作，选用无病毒种子。实行3年以上轮作，有条件的最好与禾本科作物进行水旱轮作。种子在播种前先用清水浸泡3~4小时，再放入10%磷酸三钠加新高脂膜800倍液溶液中浸种20~30分钟；适量播种，下种后及时喷施新高脂膜800倍液保温保墒，可有效钝化种子表面病毒活力，防治土壤结板，提高出苗率。

（2）选用抗病品种，提高抗病性。加强抗病品种的选育，减少自留种，选购近年来新品种。

（3）加强肥水管理，促进植株生长健壮，减轻为害。喷施促花王3号抑制植株疯长，促进花芽分化，同时，在开花结荚期适时喷施菜果壮蒂灵增强花粉受精质量，提高循环坐果率，促进果实发育，无畸形、整齐度好、品质提高、使菜果连连丰产。

（4）药剂防治。

① 防治蚜虫：在生长期间防治蚜虫为害，当成株期前发现蚜虫为害时，用3%啶虫脒乳油1 500倍液，10%吡虫啉800~1 000倍液等药剂喷雾。

② 防治病毒病：选用病毒A可湿性粉剂500倍液，20%病毒克星500倍液，5%菌毒清水剂500倍液，40%烯羟腺嘌呤1 000~1 500倍液，抗病毒可湿性粉剂400~600倍液交替使用，每隔5~7天喷1次，连续2~3次。上述药剂可以和防治豇豆锈病、枯萎病等药剂混合使用，以提高防病整体效果。

十二、豇豆煤霉病

1. 症状诊断识别

豇豆煤霉病主要为害叶片，引起落叶，病斑初起为不明显的近圆形黄绿色斑，继而黄绿斑中出现由少到多、叶两面生的紫褐色或紫红色小点，后扩大为近圆形或受较大叶脉限制而呈不整形的紫褐色或褐色病斑，病斑边缘不明显。湿度大时病斑表面生暗灰色或灰黑色煤烟状霉，尤以叶背密集。病害严重时，病叶曲屈、干枯早落，仅存梢部幼嫩叶片（图3-12）。

图3-12　豇豆煤霉病症状

发生特点：此病由真菌半知菌亚门的菜豆假尾孢菌，异名豆类煤污尾孢侵染引起。病菌以菌丝体和分生孢子随病残体在土壤中越冬。翌年春季，环境条件适宜时，在菌丝体产生分生孢子，通过气流传播进行初侵染，然后在受害部位产生新生代分生孢子，进行多次再侵染。豇豆一般在开花结荚期开始发病，病害多发生在老叶或成熟的叶片上，顶端嫩叶较少发病或不发病。病菌喜高温高湿的环境，适宜发育温度范围 7~35℃，田间发病最适温度 25~32℃，相对湿度 90%~100%。豇豆的最易感病生育期为开花结荚期到采收中后期，发病潜育期 5~10 天。

豇豆煤霉病的主要发病盛期在 5—10 月。常年春豇豆在 5 月下旬始发，6 月上中旬进入盛期，秋豇豆在 8 月上旬始发，8 月下旬进入盛发期。年度内春豇豆比秋豇豆发病重，年度间夏秋季多雨的年份发病重，田块间连作地、地势低洼、排水不良的田块发病重，栽培上种植过密、通风透光差、肥水管理不当、生长势弱的田块发病重。

2. 防治措施

（1）合理轮作。选用抗病品种，播种前用新高脂膜浸种；驱避地下病虫，隔离病毒感染，不影响萌发吸胀功能，加强呼吸强度，提高种子发芽率；加强苗期管理，及时间苗，出苗后及时喷施新高脂膜防止病菌侵染，提高抗自然灾害能力，提高光合作用强度，保护禾苗苗壮成长。

（2）加强田间管理。适时浇水、追肥，注重施用有机肥及磷钾肥，促使植株生长健壮，喷施促花王 3 号抑制植株疯长，促进花芽分化，同时，在开花结荚期适时喷施菜果壮蒂灵增强花粉受精质量，提高循环坐果率，促进果实发育，无畸形、整齐度好、品质提高、使菜果连连丰产。

（3）药剂防治。及时拔除病株并带出集中烧毁，并根据植保要求喷施多菌灵、防霉宝可湿粉等针对性防治，同时，喷施新高脂膜增强药效，提高药剂有效成分利用率，巩固防治效果；严重时，应用针对性药剂加新高脂膜灌根处理，每隔 7~10 天 1 次，浇 4~5 次。

第二节　豆科蔬菜虫害及防治技术

一、豆蚜

1.症状诊断识别

豆蚜是豆科作物的重要害虫。无翅胎生雌蚜体长8~2.4mm，体肥胖黑色、浓紫色、少数墨绿色，具光泽，体披均匀蜡粉。中额瘤和额瘤稍隆。触角6节，比体短，第一节、第二节和第五节末端及第六节黑色，余黄白色。腹部第一节至第六节背面有一大型灰色隆板，腹管黑色，长圆形，有瓦纹。尾片黑色，圆锥形，具微刺组成的瓦纹，两侧各具长毛3根。有翅胎生雌蚜体长5~1.8mm，体黑绿色或黑褐色，具光泽。触角6节，第一节、第二节黑褐色，第三节至第六节黄白色，节间褐色，第三节有感觉圈4~7个，排列成行。其他特征与无翅孤雌蚜相似。若蚜，分4龄，呈灰紫色至黑褐色（图3-13）。

图3-13　豆科蚜虫为害症状

豆蚜冬季以成、若蚜在蚕豆、冬豌豆或紫云英等豆科植物心叶或叶背处越冬。常年中当月平均温度8~10℃时，豆蚜在冬寄主上开始正常繁殖。4月下旬至5月上旬，成、若蚜群集于留种紫云英和蚕豆嫩梢、花序、叶柄、荚果等处繁殖为害；5月中、下旬以后，随着植株的衰老，产生有翅蚜迁向夏、秋刀豆、豇豆、扁豆、花生等豆科植物上寄生繁殖；10月下旬至11月间，随着气温下降和寄主植物的衰老，又产生有翅蚜迁向紫云英、蚕豆等冬寄主上繁殖并在其上越冬。

豆蚜对黄色有较强的趋性，对银灰色有忌避习性，且具较强的迁飞和扩散能力，在适宜的环境条件下，每头雌蚜寿命可长达 10 天以上，平均胎生若蚜 100 多头。全年有 2 个发生高峰期，春季 5—6 月、秋季 10—11 月。适宜豆蚜生长、发育、繁殖温度范围为 8~35℃；最适环境温度为 22~26℃，相对湿度 60%~70%。在 12~18℃下若虫历期 10~14 天；在 22~26℃下，若虫历期仅 4~6 天。

豆蚜为害寄主常群集于嫩茎、幼芽、顶端嫩叶、心叶、花器及荚果处吸取汁液。受害严重时，植株生长不良，叶片卷缩，影响开花结实。又因该虫大量排泄"蜜露"，而引起煤污病，使叶片表面铺满一层黑色真菌，影响光合作用，结荚减少，千粒重下降。

2. 防治措施

（1）黄板诱蚜。杀灭迁飞的有翅蚜，加强田间检查、虫情预测预报。

（2）药剂防治。在田间蚜虫点片发生阶段要重视早期防治，用药间隔期 7~10 天，连续用药 2~3 次。可选用的药剂有 20% 康福多浓可溶剂 4 000~5 000 倍液（用药量 20~25g/ 亩），12.5% 吡虫啉水可溶性浓液剂 3 000 倍液（用药量 30~35g/ 亩）喷雾防治，以上药剂用药间隔期 15~25 天；10% 高效氯氰菊酯乳油 2 000 倍液（用药量 50g/ 亩），20% 莫比朗乳油 5 000 倍液（用药量 20g/ 亩），2.5% 功夫菊酯乳油 2 500 倍液（用药量 40g/ 亩），0.36% 苦参碱水剂 500 倍液（用药量 200g/ 亩），50% 抗蚜威可湿性粉剂 2 000 倍液（用药量 50g/ 亩），40% 乐果乳剂 1 000 倍液（用药量 100g/ 亩）等，喷雾防治。

二、豌豆潜叶蝇

1. 症状诊断识别

豌豆潜叶蝇，属双翅目，潜叶蝇科，又称油菜潜叶蝇，俗称拱叶虫、夹叶虫、叶蛆等。它是一种多食性害虫，有 130 多种寄主植物，在蔬菜上主要为害豌豆、蚕豆、茼蒿、芹菜、白菜、萝卜和甘蓝等。

成虫：体小，似果蝇。雌虫体长 2.3~2.7mm，翅展 6.3~7.0mm。雄虫体长 1.8~2.1mm，翅展 5.2~5.6mm（图 3–14）。

全体暗灰色而有稀疏的刚毛。复眼椭圆形，红褐色至黑褐色。眼眶间区及颅部的腹区为黄色。触角黑色，分 3 节，第三节近方形，触角芒细长，分成 2 节，其长度略大于第三节的 2 倍。

幼虫：虫体呈圆筒形，外形为蛆形。

图 3-14 豆潜叶蝇卵和成虫形态

蛹：为围蛹，长卵形略扁，长 2.1~2.6mm，宽 0.9~1.2mm。

卵：为长卵圆形，长 0.30~0.33mm，宽 0.14~0.15mm。

潜叶蝇科常见的有豌豆潜叶蝇、紫云英潜叶蝇、水蝇科的稻小潜叶蝇、花蝇科的甜菜潜叶蝇等，均属双翅目。豌豆潜叶蝇除西藏自治区、新疆维吾尔自治区、青海尚无报道外，其他各地均有发生。寄主复杂，据报道有 21 科 77 属 137 种植物，除为害草坪外，以十字花科的油菜、大白菜、雪里蕻等，豆科的豌豆、蚕豆，菊科的茼蒿及伞形科的芹菜受害为最重，以幼虫潜入寄主叶片表皮下，曲折穿行，取食绿色组织，造成不规则的灰白色线状隧道。为害严重时，叶片组织几乎全部受害，叶片上布满蛀道，尤以植株基部叶片受害为最重，甚至枯萎死亡。幼虫也可潜食嫩荚及花梗。成虫还可吸食植物汁液，使被吸处成小白点。

2. 防治方法

（1）农业防治。

①早春及时清除田间、田边杂草。

②蔬菜收获后及时进行田园清洁，以减少下代及越冬的虫源基数。

（2）诱杀成虫。

①用黏虫板诱杀成虫。

②以诱杀剂点喷部分植株。诱杀剂以甘薯或胡萝卜煮液为诱饵，加 0.5% 敌百虫为毒 剂制成。每隔 3~5 天点喷 1 次，共喷 5~6 次。

（3）药剂防治。喷药宜在早晨或傍晚，注意交替用药，最好选择兼具内吸和触杀作用的杀虫剂。可选用下列药剂喷雾：20% 康福多乳油 2 000 倍液；1.8% 爱福丁乳油 2 000 倍液；40% 绿菜宝乳油 1 000~1 500 倍液。

三、豆荚螟

1. 症状诊断识别

豆荚螟为世界性分布的豆类主要害虫，我国各地均有分布，以华东、华中、华南等地区受害最重。豆荚螟为寡食性，寄主为豆科植物，主要为害大豆、豇豆、菜豆、扁豆、豌豆、绿豆、苹果等。以幼虫在豆荚内蛀食豆粒，被害籽粒重则蛀空，仅剩种子柄；轻则蛀成缺刻，几乎不能作种子；被害籽粒还充满虫粪，变褐以致霉烂。一般豆荚螟从荚中部蛀入（图3-15）。

图3-15　豆荚螟为害症状

成虫：体长10~12mm，翅展20~24mm，体灰褐色或暗黄褐色。前翅狭长，沿前缘有一条白色纵带，近翅基1/3处有1条金黄色宽横带。后翅黄白色，沿外缘褐色。

卵：椭圆形，长约0.5mm，表面密布不明显的网纹，初产时乳白色，渐变红色，孵化前呈浅菊黄色。

幼虫：共5龄，老熟幼虫体长14~18mm，初孵幼虫为淡黄色。以后为灰绿直至紫红色。4~5龄幼虫前胸背板近前缘中央有"人"字形黑斑，两侧各有1个黑斑，后缘中央有2个小黑斑。

蛹：体长9~10mm，黄褐色，臀刺6根，蛹外包有白色丝质的椭圆形茧。

成虫昼伏夜出，白天多躲在豆株叶背、茎上或杂草上，傍晚开始活动，趋光性不强。成虫羽化后当日即能交尾，隔天就可产卵。每荚一般只产1粒卵，少数2粒以上。其产卵部位大多在荚上的细毛间和萼片下面，少数可产在叶柄等处。在大豆上尤其喜产在有毛的豆荚上；在绿肥和豌豆上产卵时多产花苞和残留的雄蕊内部而不产在荚面。初孵幼虫先在荚面爬行1~3小时，再在荚面吐丝结一白色薄茧（丝囊）躲藏其中，经6~8小时，咬穿荚面蛀入荚内。幼虫进入荚内后，即蛀入豆粒内为害，3龄后才转移到豆粒间取食，4~5龄后食量增加，每天可取食1/3~1/2粒豆，1头幼虫平均可吃豆3~5粒。在一荚内食料不足或环境不适，可以转荚为害1~3次。豆荚螟为害先在植株上部，渐至下部，一般以上部幼虫分布最多。幼虫在豆荚籽粒开始膨大到荚壳变黄绿色前侵入时，存活显著减少。幼虫除为害豆荚外，还能蛀入豆茎内为害。老熟的幼虫，咬破荚壳，入土作茧化蛹，茧外粘有土粒，称土茧。

豆荚螟喜干燥，在适温条件下，湿度对其发生的轻重有很大影响，雨量多湿度大则虫口少，雨量少湿度低则口大；结荚期长的品种较结荚期短的品种受害重，荚毛多的品种较荚毛少的品种受害重，豆科植物连作田受害重。豆荚螟的天敌有豆荚螟甲腹茧蜂、小茧蜂、豆荚螟白点姬蜂、赤眼蜂等以及一些寄生性微生物。

2. 防治方法

（1）农业防治。

① 合理轮作，避免豆科植物连作，可采用大豆与水稻等轮作，或玉米与大豆间作的方式，减轻豆荚螟的为害。

② 灌溉灭虫，在水源方便的地区，可在秋、冬灌水数次，提高越冬幼虫的死亡率，在夏大豆开花结荚期，灌水 1~2 次，可增加入土幼虫的死亡率，增加大豆产量。

③ 选种抗虫品种。种植大豆时，选早熟丰产，结荚期短，豆荚毛少或无毛品种种植，可减少豆荚螟的产卵。

④ 豆科绿肥在结荚前翻耕沤肥，种子绿肥及时收割，尽早运出本田，减少本田越冬幼虫的量。

（2）生物防治。于产卵始盛期释放赤眼蜂，对豆荚螟的防治效果可达 80% 以上；老熟幼虫入土前，田间湿度高时，可施用白僵菌粉剂，减少化蛹幼虫的数量。

（3）药剂防治。

① 地面施药：老熟幼虫脱荚期，毒杀入土幼虫，以粉剂为佳，主要有：2% 杀螟松粉剂，1.5% 甲基 1605 粉剂，2% 倍硫磷粉等每亩 1.5~2kg。此外，90% 晶体敌百虫 700~1 000 倍液，或 50% 倍硫磷乳油 1 000~1 500 倍液，或 40% 氧化乐果 1 000~1 500 倍液，或 50% 杀螟松乳油 1 000 倍液，或 2.5% 溴氰菊酯 4 000 倍液，也有较佳效果。

② 晒场处理：在大豆堆垛地及周围 1~2m 范围内，撒施上述药剂、低浓度粉剂或含药毒土，可使脱荚幼虫死亡 90% 以上。

四、豆野螟

1. 症状诊断识别

豆野螟属鳞翅目螟蛾科豆荚野螟属的一种昆虫。主要为害豇豆、菜豆、扁豆、四季豆、豌豆、蚕豆、菜用大豆等蔬菜。虫态有成虫、卵、幼虫、蛹。以幼虫为害豆叶、花及豆荚，常卷叶为害或蛀入荚内取食幼嫩的种粒，荚内及蛀孔外堆积粪粒。受害豆荚味苦，不能食用。

成虫：体长 10~13mm，翅展 20~26mm，体色黄褐，腹面灰白色。复眼黑色。触角丝状黄褐色。前翅茶褐色，中室的端部有一块白色半透明的近长方形斑，中室中间近前缘处有 1 个肾形白斑，稍后有 1 个圆形小白斑点，白斑均有紫色的折闪光。后翅白色、半透明，近外 1/3 缘茶色，透明部分有 3 条淡褐色纵线，前缘近基部有小褐斑 2 块。停息时，四翅平展，前翅后缘呈直线排列。雌虫腹部肥大，末端圆形。雄虫体尖细，腹部末端有灰黑色的毛丛（图 3-16）。

图 3-16　豆野螟为害症状

卵：椭圆形，0.7mm×0.4mm，黄绿色，表面有近六角形的网纹。

幼虫：成长幼虫体长 14~18mm，头黄褐色，体淡黄绿色，前胸背板黑褐色，中后胸背板上每节的前排有 4 个毛瘤，后排有褐斑 2 个，无刚毛。腹部背板上毛片同胸部，但各毛片上均有 1 根刚毛。腹足趾钩双序缺环。

蛹：长约 12mm 左右。淡褐色，翅芽明显，伸至第四腹节，触角、中足均伸至第十腹节。中胸气门前方有刚毛 1 根。臀棘褐色，上生钩刺 8 枚，末端向内侧弯曲。

茧：分内外两层，外茧长 20~30mm，外附泥土枯枝叶等杂物，内茧长约 18mm，丝质稠密。

成虫昼伏夜出,最喜欢产卵在花蕾及花上,也有产于嫩荚或叶背,卵散产,在28~29℃时卵期2~3天。幼虫孵出后即蛀入花蕾或嫩荚内取食,造成蕾、花、荚脱落。2~3龄幼虫能转株为害,亦可以随落地花再转株为害,转株时间多于早、晚进行。受害严重的田块,常可减产30%~50%。幼虫共5龄。老熟幼虫吐丝下坠地面以细土、枯枝、落叶缀结土室,再在其中作茧化蛹。

豆野螟对温度的适应范围广,7~31℃都能生长发育,但最适温为28℃,相对湿度为80%~85%。

野螟的天敌有卵和幼虫的寄生蜂、寄生蝇等十余种,在8—9月,卵的被寄生率有时可达50%。此外,蜘蛛、螳螂也是田间常见的捕食性天敌,应予注意保护。

2.防治方法

(1)农业防治。及时清除田间落花、落荚,摘除被害的卷叶和豆荚,集中烧毁。

(2)物理防治。利用黑光灯+糖醋液诱杀成虫。

(3)药剂防治。策略是"沾花不沾荚",即在豇豆等作物始花期第一次施药,第二次在盛花期(2~3个花相对集中时),于早晨8:00前花瓣张开时喷药,重点是喷蕾、花、嫩荚及落地花上,连喷2~3次。2次喷药的间隔期,春播豇豆以10天、夏播豇豆以7天为宜。可选如下任何一种药剂:2.5%保得乳油2 000~4 000倍液;20%氯氰菊酯乳油2 000~4 000倍液;20%杀灭菊酯乳油2 000~4 000倍液;2.5%功夫乳油2 000~4 000倍液;2.5%天王星乳油2 000~4 000倍液喷雾。

五、豌豆象

1.症状诊断识别

豌豆象为鞘翅目,豆象科。分布在中国大部分省区,尤以江苏、安徽、山东、陕西等省为重。为害豌豆、扁豆等;幼虫蛀害豆荚,取食豆粒,影响产量,并且受害豆荚气味难闻,不能食用(图3-17)。

成虫:长椭圆形,黑色,体长4~5mm,宽2.6~2.8mm;触角基部4节,前、中足胫节、跗节为褐色或浅褐色;头具刻点,背淡褐色毛;前胸背板较宽,刻点密,被有黑色与灰白色毛,后缘中叶有三角形毛斑,前端窄,两侧中间前方各有1个向后指的尖齿;小盾片近方形,后缘凹,被白色毛;鞘翅具10条纵纹,覆褐色毛，沿基部混有白色毛，中部稍后向外缘有白色毛组成的 1 条斜纹，再后近鞘翅缝有 1 列间隔的白色毛点；臀板覆深褐色毛，后缘两侧与端部中间两侧有 4 个黑斑，后缘斑常被鞘翅所覆盖；后足腿节近端处外缘有 1 个

图 3-17　豌豆象成虫形态

明显的长尖齿。雄虫中足胫节末端有 1 根尖刺，雌虫则无。

卵： 橘红色，较细的一端具 2 根长约 0.5mm 的丝状物。

幼虫： 复变态，共 4 龄。体乳白色，头黑色，胸足退化成小凸起，无行动能力，胸部气门圆形，位于中胸前缘。1 龄幼虫略呈衣鱼型，胸足 3 对短小无爪，前胸背板具刺；老熟幼虫体长 5~6mm，短而肥胖多皱褶，略弯成 C 形。

蛹： 长约 5.5mm，初为乳白色，后头部、中胸、后胸中央部分、胸足和翅转为淡褐色，腹部近末端略呈黄褐色；前胸背板侧缘中央略前方各具 1 个向后伸的齿状突起；鞘翅具 5 个暗褐色斑。

一年 1 代，以成虫在贮藏室缝隙、田间遗株、树皮裂缝、松土内及包装物等处越冬。翌春飞至春豌豆地取食、交配、产卵。成虫需经 6~14 天取食豌豆花蜜、花粉、花瓣或叶片，进行补充营养后才开始交配、产卵。卵一般散产于豌豆荚两侧，多为植株中部的豆荚上，每雌可产卵 700~1 000 粒，产卵盛期一般在 5 月中下旬。卵期 7~9 天。幼虫孵化后即蛀入豆荚，幼虫期约 37 天，老熟时在豆粒内化蛹。化蛹盛期在 7 月上中旬，蛹期 8~9 天（此期随收获的豌豆入库），成虫羽化后经数日待体壁变硬后钻出豆粒，飞至越冬场所，或不钻出就在豆粒内越冬。成虫寿命可达 330 天左右。成虫飞翔力强，可达 3~7km，以晴天下午活动最盛。豌豆象发育起点温度为 10℃，发育有效积温为 360 日度。

2. 防治方法

（1）控制方法。严格检疫，尤其是从疫区进口的豆类产品。可以组织一定的人力，适时对仓库的缝隙、旮旯以及仓外的草垛、垃圾等卫生死角清理，因为这些地点都有可能成为越冬成虫的栖身场所。种植豌豆期间，可进行田间喷药，降低豌豆象的发生率。豌豆收获后，在半个月内使用塑料薄膜密封气控保管或熏蒸处理。停止种植豌豆 3 年，彻底消灭豌豆象。

（2）防治措施。

① 田间防治：掌握在成虫产卵盛期（常与豌豆结荚盛期相吻合）及幼虫孵

化盛期喷药防治产卵的成虫和初孵幼虫，药剂可选用 4.5% 高效氯氰菊酯乳油 1 000~1 500 倍液，或 0.6% 灭虫灵 1 000~1 500 倍液，或 90% 敌百虫晶体 1 000 倍液，或 90% 万灵可湿性粉剂 3 000 倍液等，并尽量使每个豆荚均匀着药以提高防治效果。

②豌豆脱粒后，立即曝晒 5~6 天，可杀死豆粒内幼虫 90% 以上。

③当豌豆量不太大时，可将曝晒后立即收到塑料袋中并扎紧，或埋进干净麦糠堆里，密闭贮藏半个月至 1 个月，可杀死所有成幼虫。

④当豌豆量大时，在豌豆收获半个月内，将脱粒晒干后的种子，置入密闭容器内，用 56% 磷化铝熏蒸，每 200kg 豌豆用药量 3.3g（1 片），密闭 3 天后，再晾 4 天。必须严格遵守熏蒸的要求和操作规程，避免人畜中毒。

六、蚕豆象

蚕豆象又名蚕豆红足象，是蚕豆害虫。

该害虫广泛分布于全国西北、华北，华中、华南、中南、华东、西南等许多省份，是国内植物检疫对象之一。主要为害蚕豆，还为害野豌豆、山藜豆、兵豆、鹰嘴豆、羽扇豆等。成虫略食豆叶、豆荚、花瓣及花粉，幼虫专害新鲜蚕豆豆粒。被害豆粒内部蛀成空洞，并引起真菌侵入，使豆粒发黑而有苦味，不能食用；如伤及胚部，则影响发芽率，质量大大降低。幼虫随豆粒收获如仓，继续在豆粒内取食为害，造成严重损失。在许多国家和地区，对蚕豆造成的重量损失达 20%~30%（图 3-18）。

图 3-18　蚕豆象成虫形态

成虫：体长 4~5mm，宽 2.6~2.8mm，椭圆形，体黑色，体被黄褐色与灰白色毛。触角基部 1~4 节或 1~5 节、上唇、前足浅褐色。头顶狭而隆起，头密布小刻点。唇基被黄褐色毛，额以上被淡黄色毛，触角锯齿状，向后伸达前胸背板后缘。复眼黑色，呈 "U" 形包围触角基部。颊间着生灰白色毛。前胸背板显著横宽，侧齿位于侧缘中央，短而钝，水平外指向；侧缘在齿后的部分稍凹。侧齿上布小刻点，被褐色与灰白色毛，形成明显小毛斑，近翅缝向外缘有灰白色毛点形成弧形的横带。后足腿节腹面的端前齿钝。腹部每节两侧各有1个灰白色毛斑。臀板不横宽，端部无黑斑或黑斑不明显。腹部末节背面露出在鞘翅外面，密生灰白色细毛。

卵：长0.4~0.6mm，椭圆形，一端稍尖，半透明，淡橙黄色，表面光滑。

幼虫：体长5.5~6mm，乳白色，肥胖，弯曲，胸足退化呈肉突状。头部很小，死后大部缩入前胸，淡黄白色。胸腹节上通常通常具明显的红褐色背线。

蛹：长5~6mm，椭圆形，乳白色至淡黄色，腹部较肥大。前胸背板及其鞘翅密布皱纹。前胸两侧各具1不明显的齿状凸起，中胸背面后缘向后凸出，后胸中央有沟。腹节中央及两侧均有隆起线。

一年发生1代，以成虫在豆粒内、仓库内角落、包装物缝隙以及在田间、晒场、作物遗株内、杂草或砖石下越冬。越冬成虫于翌年3月下旬开始活动，飞到田间取食豆叶、花瓣、花粉，随后交配产卵。卵散产于蚕豆幼荚上，每雌虫一生产卵35~40粒，最多达96粒。4月中旬起孵化后即侵入豆荚蛀入豆粒中，被贮豆粒表面留有1个小黑点。每豆一般有虫1~6个。蚕豆收获后，幼虫在粒内被带到仓内继续为害。成长幼虫约于7月上旬在豆粒内化蛹，7月中旬羽化为成虫，即进入越夏、越冬阶段。成虫飞翔能力强，有假死习性。

防治方法

（1）晴天摊晒粮食。一般厚3~5cm，每隔半小时翻动1次，粮温升到50℃，再连续保持4~6小时，粮食温度越高，杀虫效果越好。晒粮时需在场地四周距离粮食2m处喷洒敌敌畏等农药，防止害虫窜逃。

（2）低温冷冻除虫。多数贮粮害虫在0℃以下保持一定时间可被冻死。北方冬季，气温达到-10℃以下时，将贮粮摊开，一般7~10cm厚，经12小时冷冻后，即可杀死贮粮内的害虫。如果达不到-10℃，冷冻的时间需延长。冷冻的粮食需趁冷密闭贮存。含水量在17%以下的种子粮和花生，不能用冷冻法，其余各种粮食、油料都可采用此法。

（3）开水浸烫。此法仅适用于蚕豆和豌豆，将生虫的蚕豆、豌豆放入竹篮或竹篓等可沥水的容器中，待水煮开后，将容器浸入，边烫边搅拌种子，经25~28秒钟后，迅速取出，入凉水中冷却，摊开晾凉，等豆粒充分干燥后，再贮存。此法可完全杀死豆粒内的豌豆象、蚕豆象，且不影响发芽力。用开水烫种，应掌握在豆象羽化为成虫以前。

（4）拌沙拌糠除虫。囤放的蚕豆、豌豆、绿豆、豇豆等，在发生绿豆象以前，将豆类进行暴晒，使种子内的水分降到12%以下。先在囤底铺上3~5cm厚的稻壳（或防潮塑料薄膜），然后放一层蚕豆等豆子，厚度10~15cm，再铺一层稻壳或沙3~5cm厚，再放一层豆，如此一层稻壳，一层豆，到最上层用20~30cm厚的稻壳完全密闭，外边的绿豆象不能进入，内部绿豆象钻不出来。防虫效果好，还可防止蚕豆变色。注意稻壳或沙要晒干，并筛去灰尘，囤席和蚕豆之间要多放些稻壳或沙，防止绿豆象在囤席处的缝中的豆粒上繁殖为害。缸贮、水泥柜等容器存放的以上豆类也可用此法。

（5）植物熏避除虫。将花椒、茴香或碾成粉末状的山苍子等，任取一种，装入纱布小袋中，每袋装12~13g，均匀埋入粮食中，一般每50kg粮食放2袋。

（6）药剂防治。磷化铝是一种高毒杀虫剂，杀虫效果高，使用方便。但必须按照操作要求使用。

首先将粮食晒干，达到规定贮粮含水量标准（一般在12%左右）。贮粮容器在处理前，除留一施药口外，其余都必须做好密闭工作。有缝隙的容器，要在缝隙处用废报纸糊2~3层，先窄后宽。使用摺子或地龙的要用不破无洞的塑料薄膜把四周及底层扎好，不可漏气。施药前准备好100cm²大小的布片若干块，带色塑料绳，以及施药后封口用的糨糊、废报纸、扎口的绳子等。

施药时选择晴天，按每200~300kg粮食用磷化铝1片（3.3g/片）的用量，打开磷化铝瓶盖，取药，盖好瓶盖，迅速用布片将药分片包好，立即将药包埋入粮食中，并将有色塑料绳的一端留在粮面上，以便散气后取出药包处理。只用一包药的，即将药包埋在粮堆或粮袋中间，多药包时，则应均匀分点埋入，粮堆高度在2m以上的，要采取粮堆面施药与粮堆中埋藏药相结合。投药后立即做好容器的密封工作，粮堆数量较大的，粮面上部与薄膜间应留出10cm的空隙，以利于磷化铝。

七、豆芫菁

1. 症状诊断识别

白条芫菁国内分布较普遍。以成虫群集为害大豆及其他豆科植物的叶片及花瓣，致使不能结实；也能为害番茄、马铃薯、茄子、辣椒、甜菜、蕹菜、苋菜等（图3-19）。

（1）形态特征。

成虫：体长15~18mm，黑褐色。头部略呈三角形，赤褐色。前胸背板中央和2个鞘翅上各有1条纵行的黄白色条纹。

图3-19　豆芫菁为害症状及成虫形态

卵：长椭圆形，由乳白色变黄白色，卵块排列成菊花状。

幼虫：复变态，各龄幼虫形态不同。1龄为（虫丙）型，为深褐色的三爪蚴，行动活泼；2~4龄都是蛴螬型；5龄化为伪蛹；6龄又为蛴螬型。

蛹：长15mm左右，黄白色，前胞背板侧缘及后缘，各生有较长的刺9根。

（2）为害特点。　在河北、河南、山东等省每年发生1代，湖北每年发生2代，均以5龄幼虫（化蛹）在土中越冬，于次年春化蛹羽化。成虫多在白天活动取食，以中午最盛，群居性强，成群迁飞，有时数十头群集在一株上，很快将整株成片的叶子吃光；偶遇惊扰，即迅速逃避或堕落，并分泌出一种含芫菁素的黄色液体，能引起人体皮肤红肿、起疱。成虫产卵于土穴中。

2. 防治方法

（1）冬季深翻土地，能使越冬的伪蛹暴露于土表冻死或被天敌吃掉，减少次年虫源基数。

（2）人工捕杀，利用成虫群集为害的习性，用网捕杀，但应注意勿接触皮肤。

（3）药剂防治每亩用90%敌百虫75g，对水60~75kg喷雾，或用2.5%敌百虫粉剂，每亩喷1.5~2.5kg。

第四章

葫芦科蔬菜病虫害及防治技术

第一节　葫芦科蔬菜病害及防治技术

一、黄瓜霜霉病

图4-1　黄瓜霜霉病症状

黄瓜霜霉病，俗称"跑马干""干叶子"，苗期成株都可受害，主要为害叶片和茎，卷须及花梗受害较少。是保护地黄瓜栽培中发生最普遍、为害最严重的病害。病情来势猛，发病重，传播快，如不及时防治，将给黄瓜造成毁灭性的损失（图4-1）。

1. 症状诊断识别

霜霉病主要发生在叶片上。苗期发病，子叶上起初出现褪绿斑，逐渐呈黄色不规则形斑，潮湿时子叶背面产生灰黑色霉层，随着病情发展，子叶很快变黄，枯干。成株期发病，叶片上初现浅绿色水浸斑，扩大后受叶脉限制，呈多角形，黄绿色转淡褐色，后期病斑汇合成片，全叶干枯，由叶缘向上卷缩，潮湿时叶背面病斑上生出灰黑色霉层，严重时全株叶片枯死。抗病品种病斑少而小，叶背霉层也稀疏（图4-2）。

2. 防治方法

（1）选用抗病品种。黄瓜品种对霜霉病的抗性差异大，要选较抗病的品种。

（2）选用健壮无病幼苗。育苗地与生产地隔离，定植时，严格淘汰病苗。

图4-2　黄瓜霜霉病中后期症状表现

（3）选地。露地栽培时，要选择地势较高，排水良好的地块种植。

（4）生态防治。改革耕作方法，改善生态环境，实行地膜覆盖，减少土壤水分蒸发，降低空气湿度，并提高地温。进行膜下暗灌，在晴天上午浇水，严禁阴雨天浇水，防止湿度过大，叶片结露。浇水后及时排除湿气，防止夜间叶面结露。加强温度管理，上午将棚室温度控制在28~32℃，最高35℃，空气相对湿度60%~70%，每天不要过早地放风。

（5）科学施肥。施足基肥，生长期不要过多地追施氮肥，霜贝尔以提高植株的抗病性。70~100mL加大蒜油15mL加沃丰素25mL加有机硅对水1.5kg连喷2~3次，控制后改为预防。植株发病常与其体内"碳氮比"失调有关，碳元素含量相对较低时易发病。根据这一原理，通过叶面喷肥，提高碳元素比例，可提高黄瓜的抗病力。

（6）高温闷棚。一般在中午密闭大棚两小时，使植株上部温度达到44~46℃，不要超过48℃，可杀死棚内的霜真菌，每隔7天进行1次，2~3次后，可基本控制病情的发展。

二、黄瓜白粉病

1. 症状诊断识别

黄瓜白粉病是黄瓜栽培中常见病害之一。由于近年来，黄瓜白粉病产生一定抗药性，而且一年四季均可发病，给防治带来一定难度。黄瓜白粉病俗称"白毛病"，以叶片受害最重，其次是叶柄和茎，一般不为害果实。发病初期，叶片正面或背面产生白色近圆形的小粉斑，逐渐扩大成边缘不明显的大片白粉区，布满叶面，好像撒了层白粉。抹去白粉，可见叶面褪绿，枯黄变脆。发病严重时，叶面布满白粉，变成灰白色，直至整个叶片枯死。白粉病侵染叶柄和嫩茎后，症状与叶片上的相似，惟病斑较小，粉状物也少。在叶片上开始产生黄色小点，而后扩大发展成圆形或椭圆形病斑，表面生有白色粉状霉层。一般情况下部叶片比上部叶片多，叶片背面比正面多。霉斑早期单独分散，后联合成一个大霉斑，甚至可以覆盖全叶，严重影响光合作用，使正常新陈代谢受到干扰，造成早衰，产量受到损失（图4-3、图4-4）。

图4-3　黄瓜白粉病叶面产生白色粉状小圆斑、病叶背出现白色粉状小圆斑

图4-4　发病后期，病斑连接成片，病斑上产生许多黑褐色的小黑点，白色粉状霉层老熟，变成灰白色，布满整张叶片

2.防治方法

（1）选用耐病品种。选择通风良好，土质疏松、肥沃，排灌方便的地块种植。要适当配合使用磷钾肥，防止脱肥早衰，增强植株抗病性。阴天不浇水，晴天多放风，降低温室或大棚的相对湿度，防止温度过高，以免出现闷热。在黄瓜白粉病发病前期或未发病时，主要是用保护剂防止病害侵染发病（图4-5）。

图4-5　健壮黄瓜植株

（2）在田间叶片出现白粉病为害症状，应注意用速效治疗剂，并注意加入适量保护剂合理混用，防止病害进一步加重为害与蔓延。

三、黄瓜枯萎病

1. 症状诊断识别

黄瓜枯萎病，又名萎蔫病、蔓割病、死秧病，是一种由土壤传染，从根或根颈部侵入，在维管束内寄生的系统性病害（导管型枯萎病），是黄瓜生产上较难防治的病害之一，常造成较大损失。黄瓜枯萎病的病原菌在土壤、病株残体及未腐熟的农家肥中或附着在种子上越冬，成为翌年初侵染源，可借助雨水、灌溉水等进行远距离传播。防治要以预防为主，结合使用抗病品种，采取轮作倒茬或嫁接等栽培管理措施，配合处理种子与土壤及发病初期施药等化学防治方法，达到综合防治黄瓜枯萎病的目的（图4-6）。

图4-6　黄瓜枯萎病症状

枯萎病在整个生长期均能发生，以开花结瓜期发病最多。苗期发病时茎基部变褐缢缩、萎蔫猝倒。幼苗受害早时，出土前就可造成腐烂，或出苗不久子叶就会出现失水状，萎蔫下垂（猝倒病是先猝倒后萎蔫）。成株发病时，初期受害植株表现为部分叶片或植株的一侧叶片，中午萎蔫下垂，似缺水状，但早晚恢复，数天后不能再恢复而萎蔫枯死。主蔓茎基部纵裂，撕开根茎病部，维管束变黄褐到黑褐色并向上延伸。潮湿时，茎基部半边茎皮纵裂，常有树脂状胶质溢出，上有粉红色霉状物，最后病部变成丝麻状（图4-7）。

2. 防治措施

（1）黄瓜收获后及时清除病残体，集中烧毁或深埋，同时，喷洒消毒药剂对土壤进行消毒，并配合喷施新高脂膜增强药效，大大提高药剂有效成分利用率。

（2）选用无病新土育苗，采用营养钵或塑料套分苗。

（3）轮作。与非瓜类作物实行5年以上的轮作，并在播种前用新高脂膜拌种

图4-7 急性枯萎病症状

能驱避地下病虫，隔离病毒感染，提高种子发芽率。

（4）嫁接防病。保护地黄瓜采取白（黄）籽南瓜作砧木嫁接栽培，是解决黄瓜重茬和枯萎病问题最有效的方法。

（5）加强栽培管理。加强栽培管理，使植株生长健壮，提高抗病性。一般采用高畦栽培有利于减少病害发生。铺地膜或盖秸秆，加强通风，降低地温，防止大水漫灌，保护好根系。田间发现病株枯死，要立即拔除，深埋或烧掉。拉秧后要清除田间病株残叶，搞好田间卫生，枯萎病发生重的地块要实行3~5年轮作。

（6）床土消毒。按每平方米苗床将药剂掺入营养土。定植前，要对栽培田进行土壤消毒撒入定植穴内。

（7）嫁接育苗。利用黑籽南瓜对尖镰孢菌黄瓜专化型免疫的特点，以黑籽南瓜为砧木，以黄瓜品种为接穗，进行嫁接育苗，可有效地防治枯萎病，这是生产上防治枯萎病的最有效方法。

（8）地膜覆盖栽培。采用地膜覆盖栽培方式，所用农家肥要充分腐熟。拔除病株于田外烧毁。夏季5—6月，拉秧后深耕、灌水，地面铺旧塑料布并压实，使土表温度达60~70℃，5~10cm土温达40~50℃，保持10~15天，有良好杀菌效果。浇水时做到小水勤浇，严禁大水漫灌。

（9）生物防治。结果期小水勤浇。浇水以上午为宜，浇后应闭棚，增温后再放风，并及时中耕松土，促进根系发育，增强植株的抗病性。

四、黄瓜疫病

1.症状诊断识别

幼苗期到成株期都可以染病。幼苗染病，开始在嫩尖上出现暗绿色、水浸状腐烂，逐渐干枯，形成秃尖。成株期主要为害茎基部、嫩茎节部，开始为暗绿色水浸状，以后变软，明显缢缩，发病部位以上的叶片逐渐枯萎。

叶片受害产生暗绿色水浸状病斑，逐渐扩大形成近圆形的大病斑。瓜条被害，产生暗绿色、水浸状近圆形凹陷斑，后期病部长出稀疏灰白色霉层，病瓜皱缩，软腐，有腥臭味（图4-8）。

图4-8　黄瓜疫病症状

2.防治方法

（1）选用耐病品种，播种前对种子消毒。

（2）与非瓜类作物实行5年以上轮作。

（3）嫁接防病。

（4）土壤处理。

（5）药剂浸种。

（6）加强田间管理，提高植株抗病能力。应合理施肥，改善透光强度，及时开沟排水，降低田间温度，促进花芽分化；在花蕾期、幼果期和膨果期喷施壮瓜蒂灵，增粗果蒂，促进果实发育，提高黄瓜品质。

（7）覆盖地膜，减少土传病害向上侵染的机会；适时早播，尽量使易感病的苗期错过降水高峰期。

五、黄瓜细菌性角斑病

1.症状诊断识别

黄瓜细菌性角斑病是黄瓜上的重要病害之一。常在田间与黄瓜霜霉病混合发生，病斑比较接近，有时容易混淆，但黄瓜霜霉病发病初期在叶片背面产生几个多角形水渍状病斑，而细菌性角斑病在叶片背面产生针状水渍状病斑，往往几十个病斑同时发生。病情发生趋势没有霜霉病迅速，对黄瓜生长影响没有霜霉病严重。

幼苗和成株期均可受害，但以成株期叶片受害为主。主要为害叶片、叶柄、卷须和果实，有时也侵染茎。子叶发病，初呈水浸状近圆形凹陷斑，后微带黄褐色干枯；成株期叶片发病，初为鲜绿色水浸状斑，渐变淡褐色，病斑受叶脉限制呈多角形，灰褐或黄褐色，湿度大时叶背溢出乳白色浑浊水珠状菌脓，干后具白痕，后期干燥时病斑中央干枯脱落成孔，潮湿时产生乳白色菌脓，蒸发后形成一层白色粉末状物质，或留下一层白膜。茎、叶柄、卷须发病，侵染点水浸状，沿茎沟纵向扩展，呈短条状，湿度大时也见菌脓，严重的纵向开裂呈水浸状腐烂，变褐干枯，表层残留白痕。瓜条发病，出现水浸状小斑点，扩展后不规则或连片，病部溢出大量污白色菌脓。条件适宜病斑向表皮下扩展，并沿维管束逐渐变色，并深至种子，使种子带菌。幼瓜条感病后腐烂脱落，大瓜条感病后腐烂发臭。瓜条受害常伴有软腐病菌侵染，呈黄褐色水渍腐烂（图4-9）。

2.防治技术

夏季气温较高，是黄瓜细菌性角斑病的高发期，该病主要侵染黄瓜的叶片、瓜条、茎蔓等部位，由于其在叶片上的为害症状与黄瓜霜霉病的为害症状相似，所以，给选择防治措施带来一定困难，常造成较大的经济损失，因此，菜农要及早采取措施防治。

图4-9　黄瓜细菌性角斑病症状

（1）选用耐病品种。

（2）从无病瓜上采种。

（3）种子处理。瓜种可用 70℃恒温箱干热灭菌 72 小时，或用 50℃温水浸种 20 分钟，捞出晾干后催芽播种。

（4）加强栽培防病。加强栽培防病，无病土，重病田与非瓜类作物实行 2 年以上的轮作。生长期及时清除病叶、病瓜，收获后清除病残株，深埋或烧毁。

六、黄瓜炭疽病

1. 症状诊断识别

黄瓜炭疽病近年来发生不断趋重，是由引进的种子带菌所造成的。春秋两季均有发生，防治难度较大，对生产影响巨大（图 4-10）。

图 4-10　黄瓜炭疽病症状

黄瓜炭疽病从幼苗到成株皆可发病，幼苗发病，多在子叶边缘出现半椭圆形淡褐色病斑，上有橙黄色点状胶质物；成叶染病，病斑近圆形，直径 4~18mm，灰褐色至红褐色，严重时，叶片干枯；茎蔓与叶柄染病，病斑椭圆形或长圆形，黄褐色，稍凹陷，严重时，病斑连接，绕茎 1 周，植株枯死；瓜条染病，病斑近圆形，初为淡绿色，后成黄褐色，病斑稍凹陷，表面有粉红色黏稠物，后期开裂。黄瓜炭疽病是半知菌亚门真菌，葫芦科刺盘孢菌侵染所致。病菌以菌丝体或拟菌核在种子上或随病残体在土壤中越冬（图 4-11）。

4-11　黄瓜炭疽病后期表现症状

2.防治方法

（1）选用抗病品种。如津研 4 号、早青 2 号、中农 1101、夏丰 1 号。此外。中农 5 号、夏青 2 号较耐病。采用无病种子，做到从无病瓜上留神，对生产用种以 50~51℃温水浸种 20 分钟，或冰醋酸 100 倍液浸 30 分钟，清水冲洗干净后催芽。

（2）实行 3 年以上轮作。对苗床应选用无病土或进行苗床土壤消毒，减少初侵染源。采用地膜覆盖可减少病菌传播机会，减轻为害；增施磷钾肥以提高植株抗病力。

（3）加强棚室温湿度管理。在棚室进行生态防治，即进行通风排湿，使棚内湿度保持在 70% 以下，减少叶面结露和吐水。田间操作。除病灭虫，绑蔓、采收均应在露水落干后进行，减少人为传播蔓延。

七、黄瓜蔓枯病

1.症状诊断识别

黄瓜蔓枯病主要为害叶片和茎蔓，瓜条及卷须等地上部分均可受害。叶片染病，多从叶缘开始发病，形成黄褐色至褐色"V"字形病斑，其上密生小黑点，干燥后易破碎。黄瓜蔓枯病为真菌性病害，又称蔓割病，病原称甜瓜球腔菌，属子囊菌亚门真菌。无性世代为西瓜壳二孢，属半知菌亚门真菌。分生孢子器叶面聚生，球形至扁球形，器孢子圆柱形。子囊壳球形，子囊棒状，子囊孢子短棒状，无色，透明，有分隔。其发育适温为 20~24℃。各地均有发病，常造成 20%~30% 的减产。

主要症状：黄瓜蔓枯病是春播、夏播黄瓜为害较重的病害之一，病斑浅褐色，有不太明显的轮纹，病部上有许多小黑点，后期病部易破裂。茎部染病，一般由茎基部向上发展，以茎节处受害最常见。病斑浅白色，长圆形、梭形或长条状，后期病部干燥、纵裂。纵裂处往往有琥珀色胶状物溢出，病部有许多小黑点，病菌通常种子、农事操作、灌溉水、风雨传播等传播（图 4-12）。

叶片上病斑近圆形，有的自叶缘向内呈"V"字形，淡褐色至黄褐色，后期病斑易破碎，病斑轮纹不明显，上生许多黑色小点，即病原菌的分生孢子器，叶片上病斑直径 10~35mm，少数更大；蔓上病斑椭圆形至梭形，白色，有时溢出琥珀色的树脂胶状物，后期病茎干缩，纵裂呈乱麻状，严重时引致"蔓烂"。

2.防治方法

（1）合理轮作，选留无病种子，培育无病壮苗。播种前及时清除前茬作物病残体，并配合喷施50%多菌灵可湿性粉剂加新高脂膜进行对土壤进行消毒处理，同时，种植的田块应做好排水措施，防止田间积水引起的病菌蔓延。

（2）加强田间管理，合理增施磷钾肥，提高植株抗病能力。及时摘

图4-12　黄瓜蔓枯病症状

除有病的叶、花、果，清除落地残花，防止病原落入土中；避免大水漫灌，注意放风降湿。同时，在生长期适时喷施促花王3号抑制枝梢疯长，促进花芽分化；在花蕾期、幼果期和膨果期喷施壮瓜蒂灵，增粗果蒂，促进果实发育，提高黄瓜品质。

（3）药剂防治，发现病株及时拔出并带出集中烧毁。并根据植保要求喷施针对性药剂（如65%代森锌可湿性粉剂、50%甲基托布津可湿性粉剂）进行灭杀，每7~10天喷药1次，连续2~3次，同时，配合喷施新高脂膜800倍液巩固防治效果。

八、黄瓜灰霉病

1.症状诊断识别

黄瓜灰霉病是黄瓜保护地栽培常年发生的一种病害，近年来发生呈逐年趋重。由于果实常常受到侵扰而引起腐烂。菜农常常称之烂果病，霉烂病。黄瓜灰霉病多从开败的雌花开始侵入，初始在花蒂产生水渍状病斑，逐渐长出灰褐色霉层，引起花器变软、萎缩和腐烂，并逐步向幼瓜扩展，瓜条病部先发黄，后期产生白霉并逐渐变为淡灰色，导致病瓜生长停止，变软、腐烂和萎缩，最后腐烂脱

图 4-13　黄瓜灰霉病症状

落。叶片染病，病斑初为水渍状，后变为不规则形的淡褐色病斑，边缘明显，有时病斑长出少量灰褐色霉层。高湿条件下，病斑迅速扩展，形成直径 15~20mm 的大型病斑。茎蔓染病后，茎部腐烂，瓜蔓折断，引起烂秧（图 4-13）。

此病由真菌半知菌亚门灰葡萄孢侵染引起。以菌核在土壤中或以菌丝及分生孢子在病残体上越冬或越夏。翌春条件适宜，菌核萌发，产生菌丝体、孢子梗、分生孢子，分生孢子成熟后随气流、雨水、露水等传播。光照不足、低温和高湿条件下易流行。浙江及长江中下游地区保护地栽培黄瓜灰霉病发病期盛期在 5 月期间，在连阴雨、光照不足、气温低、湿度大的天气条件时，如不及时通风透光，发病重。

病原菌以菌丝、分生孢子及菌核附着于病残体上或遗留在土壤中越冬，靠风雨及农事操作传播，黄瓜结瓜期是病菌侵染和发病的高峰期。高湿（相对湿度 94% 以上）、较低温度（18~23℃）、光照不足、植株长势弱时容易发病，气温超过 30℃，相对湿度不足 90% 时，停止蔓延。因此，此病多在冬季低温寡照的温室内发生。

2. 防治方法

（1）清除病残体。收获后期彻底清除病株残体，土壤深翻 20cm 以上，将土表遗留的病残体翻入底层，喷施土壤消毒剂加新高脂膜对土壤进行消毒处理，减少棚内初侵染源。苗期、瓜膨大前及时摘除病花、病瓜、病叶，带出大棚、温室外深埋，减少再侵染的病源。

（2）加强栽培管理。加强通风换气，浇水适量，忌在阴天浇水，防止温度过高；注意保温，防止寒流侵袭。高温季节在大棚、温室内深翻灌水，并将水面漂浮物捞出，集中深埋或烧掉，保持大棚、温室清洁。

（3）控温法。调节温湿度，控制病菌侵染。室内温度提高到 31~33℃，超过 33℃开始放风，下午温度维持在 20~25℃，降至 20℃时关闭风口，使夜间温度保持在 15~17℃。

九、黄瓜黑星病

1. 症状诊断识别

黄瓜黑星病，为半知菌亚门丝孢纲丝孢目黑色菌科枝孢属，称瓜疮痂枝孢菌，属半知菌亚门真菌。菌丝灰绿色，具分隔。分生孢子梗由菌丝分化而成，单生或丛生，褐色或淡褐色，顶部、中部稍有分枝或单枝，顶生分生孢子。分生卵形、不规则形、褐色或橄榄绿色，单或串生，单胞、双胞，少数 3 胞。

幼苗染病，真叶较子叶敏感，子叶上产生黄白色近圆形斑，发展后引致全叶干枯；嫩茎染病，初现水渍状暗绿色梭形斑，后变暗色，凹陷龟裂，湿度大时长出灰黑色霉层，即病菌分生孢子梗和分生孢子；卷须染病则变褐腐烂；生长点染病，经 2 天烂掉形成秃桩；叶片染病，初为污绿色近圆形斑点，穿孔后，孔的边缘不整齐略皱，且具黄晕，叶柄、瓜蔓被害，病部中间凹陷，形成疮痂状，表面生灰黑色霉层；瓜条染病，初流胶，渐扩大为暗绿色凹陷斑，表面长出灰黑色霉层，致病部呈疮痂状，病部停止生长，形成畸形瓜（图 4-14）。

病菌以菌丝体附着在病株残体上，在田间、土壤、棚架中越冬，成为翌年侵染源，也可以分生孢子附在种子表面或以菌丝体潜伏在种皮内越冬，成为近距离传播的主要来源。主要靠雨水、气流和农事操作在田间传播。病从叶片、果实、茎表皮直接侵入，或从气孔和伤口侵入，在棚室内的潜育期一般 3~10 天，在露地为 9~10 天。黄瓜黑星病发病与栽培

图 4-14　黄瓜黑星病症状

条件和栽培品种关系密切。该病菌在相对湿度93%以上，日均温在15~30℃较易产生分生孢子，并要求有水滴和营养。因此，当棚内最低温度在10℃以上，下午6：00时到次日10：00时空气相对湿度高于90%，且棚项及植株叶面结露时，该病容易发生发生和流行。温室黄瓜一般在2月中下旬就开始发病，到5月以后气温高时病害依然发生。病菌以菌丝体或丝块随残体在土壤中越冬，也可以分生孢子附着在种子表面或菌丝潜伏在种皮内越冬，也可以黏附在棚室墙壁缝隙或支架上越冬。

2.防治方法

（1）选用抗病品种。

（2）与非瓜类作物轮作。

（3）加强栽培管理。科学控制温湿度，采用地膜覆盖、滴灌等技术。

（4）从无病株上留种。做到从无病棚、无病株上留种，采用冰冻滤纸法检验种子是否带菌。

（5）温室、大棚定植前10天，每55m³空间用硫黄粉0.13kg，锯末0.25kg混合后分放数处，点燃后密闭大棚，熏1夜。

（6）加强田间管理。栽培时应注意种植密度，升高棚室温度，采取地膜覆盖及滴灌等节水技术，及时放风，以降低棚内湿度，缩短叶片表面结露时间，可以控制黑星病的发生。

十、黄瓜菌核病

1.症状诊断识别

黄瓜菌核病苗期至成株期均可发病，以距地面5~30cm发病最多，瓜被害脐部形成水浸状病斑，软腐，表面长满棉絮状菌丝体。茎部受害，开始产生退色水浸状病斑，逐渐扩大呈淡褐色，病茎软腐；长出白色棉絮状菌丝体，茎表皮和髓腔内形成坚硬菌核，植株枯萎。幼苗发病时在近地面幼茎基部出现水浸状病斑，很快病斑绕茎一周，幼苗猝倒。一定湿度和温度下，病部先生成白色菌核，老熟后为黑色鼠粪状颗粒。

病原称核盘菌，属子囊菌亚门真菌。菌核由菌丝体扭集在一起形成，初白色，后表面变黑色鼠粪状，大小不等，长度3~7mm，宽度1~4mm或更大，有时单个散生，有时多个聚生在一起。子囊盘暗红色或淡红褐色；子囊无色，棍棒状，内生8个无色的子囊孢子。子囊孢子圆形，单胞（图4-15、图4-16）。

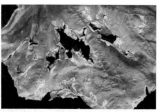

图4-15　黄瓜菌核病的病叶症状

2.防治方法

（1）农业防治。水旱轮作或病田夏季泡水浸半个月，或收获后及时深翻20cm。

（2）物理防治。播种前用10%盐水漂种2~3次，以汰除菌核。

图4-16　黄瓜菌核病的病花病瓜症状

（3）地膜覆盖。

（4）种子和土壤消毒。50℃温水浸种10分钟，或播前用40%五氯硝基苯配成药土，每亩用药1kg，加细土15~20kg，施药土后播种。

十一、黄瓜根结线虫病

1.症状诊断识别

黄瓜根结线虫病发生后，植株叶片暗淡无光，不久萎蔫、枯萎死亡，容易与枯萎病混淆。近年来，在保护地栽培中由于长年连作，黄瓜根结线虫病发生日趋严重，应引起密切注意。它还可以为害番茄、茄子、萝卜等多种蔬菜作物。黄瓜根结线虫病主要为害在黄瓜的侧根和须根。须根或侧根染病，产生瘤状大小不一的根结，浅黄色至黄褐色。解剖根结，病部组织中有许多细长蠕动的乳白色线虫寄生其中。根结之上一般可以长出细弱的新根，在侵染后形成根结肿瘤。轻病株地上部分症状表现不明显，发病严重时，植株明显矮化，结瓜少而小，叶片褪绿发黄，晴天中午植株地上部分出现萎蔫或逐渐枯黄，最后植株枯死（图4-17）。

此病由植物线虫南方根结线虫侵染引起。该虫以幼虫或卵随根组织在土壤中越冬。带虫土壤、病根和灌溉水是其主要传播途径，一般在土壤中可存活1~3年。翌春条件适宜时，雌虫产卵繁殖，孵化后为2龄幼虫侵入根尖，引起初次侵

染。侵入的幼虫在根部组织中继续发育交尾产卵，产生新一代 2 龄幼虫，进入土壤中再侵染或越冬。线虫寄生后分泌的唾液刺激根部组织膨大，形成"虫瘿"，或称为"根结"。

图 4-17　黄瓜根结线虫病症状

2. 防治方法

（1）选用抗病和耐病品种。

（2）选用无病土进行育苗，培育无病壮苗。

（3）移栽时发现病株及时剔除。

（4）与葱、蒜、韭菜等蔬菜实行 2 年以上轮作。发病重的地块最好与禾本科作物轮作，水旱轮作效果最好。

（5）深耕或换土。在夏季换茬时，深耕翻土 25cm 以上，同时，增施充分腐熟的有机肥；或把 25cm 以内表层土全部换掉。

（6）黄瓜拉秧后，及时清除病残根，深埋或烧毁，铲除田间杂草。

（7）夏季高温土壤消毒处理。在夏季高温，在大棚内撒施麦秸 5cm，再撒施过磷酸钙 100kg 左右，翻入地下，盖地膜，密闭大棚，使棚温高达 70℃以上，土壤内 10cm 深温度高达 60℃左右，闭棚 15~20 天。

（8）在黄瓜拉秧后，下茬作物种植前，加种生育期短且易感病作物，如小白菜、菠菜等，待感染后再全部挖出棚外，在松动的地表进行喷药处理。

十二、黄瓜花打顶

1. 症状诊断识别

在冷凉季节种植的黄瓜，经常会出现花打顶现象，即植株顶端不形成心叶而出现花抱头现象。花打顶不仅会延迟黄瓜的生长发育，而且影响其产量和品质，因此，我们应及时查明原因，对症防治（图 4-18）。

（1）烧根花打顶。由于定植时穴施或沟施的有机肥过量，且定植后浇水不及时，土壤相对含水量低于65%，土壤溶液浓度高，导致根尖成铁锈色或枯死，使根系吸收困难而产生花打顶。

图4-18　黄瓜花打顶症状

（2）沤根花打顶。当棚室内的地温低于10℃，土壤相对含水量高于75%时，黄瓜根系生长受限，导致沤根，从而出现花打顶现象。

（3）障碍型花打顶。因夜温低于10℃，会导致叶面凹凸不平或皱缩，植株矮小而出现营养障碍型花打顶。

（4）伤根花打顶。有少量瓜苗或植株根系受到伤害，长期未能恢复，造成植株吸收养分受抑，出现花打顶。

2.防治方法

（1）对于烧根引起的花打顶，应及时浇水，土壤相对含水量达到65%以上，浇水后要及时中耕。

（2）对于沤根型花打顶，应将棚室地温提高10℃以上，当发现根系出现灰白色水浸状时，要停止浇水，及时中耕，必要时，可扒沟晒土。同时，摘除结成的小瓜，保秧促根。当新根长出后，即可转为正常管理。

（3）对于夜温低而导致的花打顶，要设法提高夜温，前半夜气温要求达到15℃，后半夜保持在10℃上下即可。

（4）对伤根造成的花打顶，中耕时要尽量少伤根，以提高根系活力。

十三、黄瓜畸形瓜和苦味瓜

黄瓜畸形瓜和苦味瓜病，是指在保护地及露地后期栽培条件下生产黄瓜时，常出现曲形瓜、尖嘴瓜、细腰瓜、大肚瓜等，有时出现苦味瓜的现象。

1. 黄瓜尖嘴瓜

（1）症状诊断识别。瓜条未长成商品瓜，瓜的顶端停止生长，形成尖端细瘦。

病因：① 温棚内北部光照不足，昼夜温差小，密度过大，透光不良，瓜条膨大时肥水供应不足。

② 植株长势弱，叶片小，黄叶，生长点受抑，根系受到损伤。

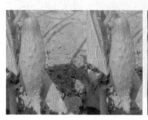

③ 植株生长后期表现衰老，或被病虫为害，或遇连阴天；一个叶节长出多条瓜，长势弱的易出现尖嘴瓜（图4-19）。

图4-19　黄瓜尖嘴瓜、大肚瓜症状

（2）防治方法。

① 加强水肥管理，增施有机肥料，提高土壤的供水、供肥能力，防止植株早衰。

② 合理建造温棚，采用高光效无滴棚膜，增加透光度。

③ 合理密植，保证每个植株有充足的营养和生长空间；做好病虫害防治工作，防止植株遭受病虫为害。

2. 黄瓜大肚瓜

（1）症状诊断识别。瓜条基部和中部生长正常，瓜的顶端肥大。

病因：瓜条细胞膨大时，温度高，水分大，根系吸收能力强，浇水过量，不均匀。

（2）防治方法。适时适量浇水，控制温度，避免出现大的温差。

3. 黄瓜细腰瓜（蜂腰瓜）

（1）症状诊断识别。瓜条中腰部分细，两端较肥大。

病因：在温室后排，白天光照弱，夜间温度高，昼夜温差小；钾素供应不足；植株体内硼元素缺乏（图4-20）。

图4-20　黄瓜细腰瓜、曲形瓜症状

（2）防治方法。挂反光膜，增强光合作用，增加物质积累；增施微量元素肥料，亩施 1kg 硼砂作基肥；亩施硫酸钾 15kg 或喷施 0.2% 的磷酸二氢钾；重施腐熟有机肥料，亩施 2 500kg 以上。

4.黄瓜曲形瓜

（1）症状诊断识别。在植株生长的过程中，瓜条逐渐呈弯曲状态，在最初和最后的果穗发生较多。

病因：光照不足，营养不良，温度、水分管理不当。高温、低温、昼夜温差过大或过小易发生。此外，幼果被架材及茎蔓遮阴或夹长也易形成曲形瓜。

（2）防治方法。做好温度、湿度、光照及水肥管理，要避免温度过高过低，温差过大过小。

5.黄瓜苦味瓜

（1）症状诊断识别。苦味黄瓜嫩瓜和正常的商品嫩瓜外观一致，但生食时口感涩麻，有苦味，花头和蒂头的苦味重于中间部分的苦味；切成片加调料后，稍有苦味，熟食时与正常黄瓜没明显差别。

黄瓜苦味的原因：黄瓜苦味的发生，是由于瓜肉中积累了过多的苦味素所致。造成瓜肉中苦味素过多的原因分以下几种。

① 施磷钾肥过少或施氮肥过多，易形成苦味瓜。

② 低温弱光照生长条件下，氮素化肥施量过多，结的嫩瓜不仅有苦味，而口感涩麻，因为大棚较低温度条件细胞透过性较低，致使对养分和水分的吸收受到抑制。

③ 大棚内高温持续时间过长，使植株同化能力减弱，损耗增多，黄瓜果实中积累苦瓜素。

④ 湿度。苦瓜素是在干燥条件下产生的，如大棚中空气湿度较大，而土壤湿度较小，就会使植株发生"生理干旱"。在这种情况下大量的苦瓜素会从茎叶转移到果实中，产生苦味。

（2）黄瓜苦味瓜的防治方法。

① 对多年种植黄瓜的棚室，栽植前先对土壤进行养分测定，然后按氮、磷、钾，三元素 5∶2∶6 的比例配方施肥。

② 苦味具有遗传性，叶色深绿的苦味瓜多，因此对品种要有所选择。

③ 注意温度管理，当棚温高于 30℃ 时要及时放风，使地温保持在 13℃ 以上。

④叶面经常喷洒磷酸二氢钾等营养调节剂也以可减少苦味瓜的出现。

十四、黄瓜氨气为害病

黄瓜氨气为害病是氨气为害引起的生理性病害，属于非侵染性病害。

1. 症状诊断识别

受害植株中部叶片首先表现症状，后逐渐向上、向下扩展，受害叶片的叶缘、叶脉间出现水浸状斑点，严重时，呈水烫状大型斑块，而后叶肉组织白化、变褐，2~3天后受害部干枯，病健部界限明显。

叶背面受害处有下凹状。受到过量氨气为害的黄瓜，突然揭去覆盖物时，则会出现大片或全部植株如同遭受重霜或强寒流侵袭的样子，植株最终变为黄白色（图4-21）。

大棚内氨气大量发生并迅速积累，通常是由施肥不当直接造成的。

（1）施入易挥发氮肥，如氨水、碳酸氢铵，

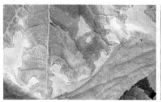

图4-21　黄瓜氨气为害病症状

或一次性施入过多尿素、硫酸铵、硝酸铵，施后没有及时盖土或灌水，都会释放出氨气。

（2）施入有机肥过多或有机肥没有腐熟时，也会释放出大量氨气；

（3）如果大棚内空气中氨气的含量达到4.5~5.5mg/kg时，就会对黄瓜产生为害，出现水浸状斑点。随着氨气浓度的增加，植株叶片继而褐变枯死。如果不能及时的排除，就有可能造成氨气毒害。

2. 防治方法

（1）农业防治。

①施用酵素菌沤制的堆肥或腐熟的有机肥，使用的有机肥要充分腐熟，不得混有植物病残体。

②采用配方施肥技术，适当增施磷钾肥，避免偏施氮肥，不在大棚的地表施用可以直接或间接产生氨气的肥料；施用有机肥作基肥的，一定要充分腐熟后施用；化肥和有机肥要深施；肥料追施要少量多次；适墒施肥，或施后灌水，使肥料能及时分解释放。

③ 经常注意检查是否有氨气产生。操作人员在进到大棚时，首先要注意室内的气味，以便及时发现。当嗅出有氨味时，立即用 pH 值试纸蘸取棚膜上的水滴进行测试，然后与比色片比色读出 pH 值。正常情况下，pH 值为 7~7.2；当 pH 值达到 8 以上时，可认为有氨气的发生和积累，必须及时放风排气，否则，容易发生中毒现象。也可以用舌尖舔一下，如果有滑溜溜的感觉，则也可认为有氨气积累，如果发现大棚内氨气含量过高，可在大棚内撒些水，以吸收氨气和亚硝酸气体，减轻其为害。

④ 揭膜放风，排除有害气体，摘除受害残叶、老叶。

⑤ 快速灌水，降低土壤肥料溶液浓度。

⑥ 加强肥、水管理，促进恢复生长。

（2）化学防治。惠满丰活性液肥 500 倍液；高美施活性液肥 500 倍液；食用醋（喷施叶背）100 倍液。

十五、黄瓜低温障碍

1. 症状诊断识别

黄瓜低温障碍指的是在初春或晚秋，黄瓜植株遭遇寒流或突然降温、降水等，引起黄瓜植株生长的障碍。黄瓜喜温不耐寒，在 10℃ 以下就会呈现生理障碍。黄瓜低温障碍的发病特点是该病属于生理病害而不是病毒侵染。常发生于早春或晚秋，遇寒流或突然降温、降水都会引起低温障碍。冰点以上的低温称为寒害，冰点以下称冰害。黄瓜喜温耐寒力弱，10℃ 以下就会受害，特别是低于 3~5℃，生理机能出现障碍，地温在 10~12℃ 黄瓜根毛原生质就停止活动，湿冷比干冷为害更大。低温时细胞渗透压降低，水分供求失衡，植株受寒害，当达到冰冻时，细胞间的水分结冰，细胞中水分析出，导致细胞脱水或造成胀裂坏死。

黄瓜低温障碍黄瓜遇冰点以上低温即寒害，常表现出多种症状，轻微者叶片出现黄化，虽不坏死，但不能进行正常生理活动。低温持续时间长，造成不发根。苗期沤根，地上茎粗短不往上长，植株不伸展。还会造成花芽不分化，较重的引致外叶枯死或部分真叶枯死，严重植株呈水浸状，后干枯死亡。达冰点组织受冻，水分结冰，解冻后组织坏死、溃烂（图 4-22）。

图 4-22　黄瓜低温障碍表现的症状

叶片受害：分为低温冷害和冻害。叶片受到轻微冻害时，子叶期表现为叶缘失绿，有镶白边的现象，温度恢复后不会影响以后真叶的生长。定植后受到冻害时，植株部分叶片的叶缘呈暗绿色，逐渐干枯。

（1）尖叶下垂，出现枫树叶。夜温 15℃ 以上时，叶片呈水平状展开。在 15℃ 以下时，叶尖下垂，周缘起皱纹。低温下发育的叶子缺刻深，叶身长，像枫树叶状。

（2）虎斑叶。低温下叶面呈现虎斑状，即主脉间叶肉褪绿变黄。瓜条膨大受到抑制。这是由于光合作用制造的碳水化合物不能及时的向外部运转而在叶内沉积下来所造成的，严重时，整个叶片会随之黄化。如果温度回升且能维持一段时间，碳水化合物能够顺利充分的转换时，瓜条便可顺利膨大，叶片也能慢慢恢复转黑。但此种机会常不易遇到。

图 4-23　黄瓜低温障碍表现的水浸症状

（3）"水浸症"。低温危害严重且持续时间长，温室湿度大而较少通风时，叶背面会出现"水浸症"（图 4-23）。

"水浸症"是由于夜间气温低，尤其在地温尚高时，细胞里的水分流到了细胞间隙中而引起的。植株长势好时，水浸状可在太阳出来后消失。但若植株衰弱或完全衰弱时，白天温度升高后水浸状也不消失，这样几经反复，细胞死亡，叶子枯死。

（4）龙头呈"开花型"。生长发育和温度正常时，从侧面看龙头呈棉花蕾状，2 片嫩叶围着顶芽。但若夜温低、低温低（肥料不足或受病虫为害）时，龙头呈开花状，即 2 片应围着顶芽的嫩叶展开，顶芽伸出。龙头呈开花型时，开花节位距顶端仅 20~30cm，有时开花好像在顶端（图 2-24）。

（5）出现缺硼或缺镁症。夜温降到生物学零度以下时，由于植株体素质变弱，或因为连年种植，过多施用化肥或有机肥少，地力下降等，使根系对硼的吸收力下降，引起缺硼症（图2-25）。

图4-24　黄瓜龙头呈开花型

其主要症状是生长点生长停止。多铵、多钾、多钙、多磷可阻碍植株对镁的吸收，而温度低则可助长缺镁症状的发生。缺镁时，叶脉间叶肉完全褪绿，黄化

图4-25　黄瓜缺硼缺镁表现的症状

或白化，与叶脉保存的绿色呈鲜明对比。

（6）上部叶片焦边。连阴雾天时间长，低温下降剧烈，如若土壤水分过大时，植株发生沤根现象。沤根后发生的新叶会出现焦边，高湿下叶边也要腐烂。出现这种情况时，若骤晴后处理不当又会造成"闪死"苗的现象。

根部受害：土壤温度较长时间处于界限温度（12℃）以下时，根系受到损伤，可能有两种情况，一是土壤干爽，湿度不大，一般表现为寒根，新根不发，老根呈铁锈色，逐渐死亡；另一种情况是土壤湿度大，出现沤根腐烂现象。受到低温冷害的根系再发新根一般都比较困难。植株地上部分的许多低温冷害症状是由于根系受到伤害所引起的。

2. 防治方法

（1）种子冷冻处理。对开始萌动的种子进行低温处理，从而提高植株的耐低温能力。

（2）低温炼苗。秧苗定植前采取低温炼苗，以增加植株内糖分含量，提高植株的耐低温能力。苗期低温锻炼，定植前温度从高到低，锻炼时间由短到长，掌握恰当火候。选择晴天定植，霜冻来前浇小水。

（3）选择定植期。要根据温室或大棚实际能达到的温度条件，选择合适的定植时间，并且要根据天气预报选在冷尾暖头，起码需保证在晴天进行定植并在定植后能够遇有4~5个晴天。

（4）保温措施。棚室覆盖物要严密，靠地面加盖一层草帘。也可采取临时增温法，如适量熏烟和加临时增温设施。

（5）喷用药物。喷洒27%高脂膜乳剂80~100倍液，或喷洒2 000倍液链霉素加天露600倍液可防霜冻。

十六、黄瓜蔓徒长

1. 症状诊断识别

黄瓜叶子非常大，直径超过23cm；叶柄长，超过11cm，叶柄与主蔓夹角小于45°；节间长，在10cm以上；茎秆粗在0.8cm以上；叶色稍淡卷须发白，侧枝长出得早，摘心后出现小蔓。雌花弱，子房小，瓜条和叶片大小不相称，化瓜现象严重或瓜纽多但迟迟不甩瓜。此属营养生长过旺，生殖生长受到抑制，通常称之为"虚症"（图4-26）。

氮多、水多，光照不足，或温度偏高，特别是夜间温度过高，昼夜温差小，营养生长过旺，生殖生长受到明显的抑制。

图4-26　黄瓜蔓徒长表现的症状

2. 防治方法

（1）在叶面喷洒相当于正常使用浓度1.7~2倍液的微肥（叶肥）或是某些营养治疗剂，高浓度药液或肥液可能导致叶片出现临时变形，但一旦恢复，会出现意想不到的控制徒长和促进雌花的效果。

（2）可以通过摘心暂时抑制根的活动，控制植株的长势。

（3）注意温度的管理，降低夜间的管理温度，可从最低温度12℃降到8℃左右，连续处理5~6天，造成尽量大的昼夜温差，以控制茎叶生长，促进生长发育向生殖生长的方向转化。

（4）避免过分的闷热，要充分地进行通风换气，保持适当的温湿度，降低黄瓜叶片内的水分含量，以抑制茎叶的生长速度。

十七、黄瓜降落伞状叶

1. 症状诊断识别

黄瓜叶片中央部分凸起，边缘翻转向后，呈现降落伞样。初期在生长点附近的新叶叶尖黄化，然后叶缘开始黄化，黄化部分逐渐枯萎。随之叶片中央渐渐隆起，形成如同降落伞样。严重时，症状一直表现到顶叶，直至生长点龟缩，但以中位叶症状最为明显（图4-27）。

降落伞叶出现是植株缺钙的一个症状。缺钙可能有不同的原因如下。

（1）低温寡照时期缺钙。导致叶尖黄化，进而叶缘黄化。黄化部

图4-27 黄瓜降落伞状叶表现的症状

分组织萎缩干枯后，使得这一部分的生长受到限制，而中央部分生长还在继续之中，因而就形成了降落伞形叶。

（2）高温时期缺钙。进入4月后，由于棚室中午前后温度高，如果较长时间通风不良，植株的蒸腾受阻，钙在植株体内的运转就要受到限制，同样也会发生降落伞叶。

2. 防治方法

（1）用于深冬时节生产的日光温室，必须采用光和保温性能良好的冬用型日光温室，室内最低气温原则上不低于9.5℃，即使出现8℃的最低气温，其持续时间也不宜超3天。只有在这样的优型日光温室里，才能保证黄瓜的正常生长和开花结瓜，管理措施也才能正常实施。

（2）用于黄瓜生产的温室，必须设置能够保证正常通风的上放风口。

（3）降落伞叶一旦发生较难恢复，可以通过喷用钙源 2 000 倍液或氯化钙来缓解。

十八、黄瓜急性萎蔫症

1. 症状诊断识别

黄瓜部分植株突然出现叶片皱缩的情况，是一种生理性病害，称为黄瓜急性萎缩症。冬暖大棚蔬菜从收获初期至盛期，往往容易发生急性萎蔫病。其症状是，植株生长一直健壮，但在晴天中午叶片突然出现急剧萎蔫症状，到傍晚也能恢复；切断导管也不见其变黄变褐，也无乳状混浊物溢出，所以，可以肯定不是真菌侵染引起的枯萎病，也不是细菌性青枯病，而是一种生理性急性萎蔫病。发病原因：由于连续阴天不揭草帘，植株不能进行正常的光合作用，处于饥饿状态；地温低，根系活动弱。一旦晴天，棚温突然升高，空气湿度降低，叶片水分蒸腾快，根系吸收水分能力弱，地下部分向上输送水分少，叶片就会出现萎蔫。其形成原因：一是持续阴雨或雪后陡晴，导致迅速萎蔫死苗；二是黄瓜进入开花结瓜期，晴天高温，放风量大，叶面蒸腾快，部分发根不良的植株开始萎缩，严重失水的则整株凋枯；三是施肥浓度过大，特别是化肥靠近黄瓜的根颈部施用，极易灼伤死苗（图4-28）。

图4-28　黄瓜蔓徒长表现的症状

2. 防治方法

采取以下措施：因苗因时浇水。一是少浇定植水；二是酌浇返苗水，气温低、土壤湿度大、遇上连阴雨天气，少浇或不浇返苗水；三是进入结瓜盛期，结合追肥，以水带肥，每10天左右浇施1次，严防1次施肥过量灼伤瓜苗；四是宜在晴天中午浇水，忌早晨及傍晚浇水；五是阴雨天不宜全棚内灌水。在连续阴雨天气后要采取拉花帘的方式，严禁1次全部拉开。

十九、西葫芦病毒病

1. 症状诊断识别

西葫芦叶片发病后出现淡黄色不明显病斑纹，后变为深淡不均的花叶病斑。有的新生叶沿叶脉出现浓绿色隆起皱纹，或出现叶片变小、裂片、黄化等症状，严重时，植株死亡。瓜受病毒为害后，瓜面出现花斑或凹凸不平的瘤状物，瓜畸形（图4-29）。

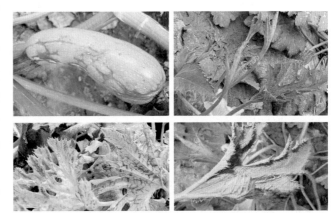

图 4-29　西葫芦病毒病的症状

黄瓜花叶病毒、甜瓜花叶病毒均可在宿根性杂草、菠菜、芹菜等寄主上越冬，通过汁液摩擦和蚜虫传毒侵染。此外，甜瓜花叶病毒还可通过带毒的种子传播，烟草环斑病毒以汁液或经线虫传播。一般高温干旱，日照强或干旱缺水、缺肥、管理粗放的田块发病重。

引起西葫芦病毒病的主要是黄瓜花叶病毒、甜瓜花叶病毒、烟草环斑病毒等。病毒主要在杂草上存活越冬，通过蚜虫和管理操作的汁液摩擦传毒，所以，在高温干旱及蚜虫大发生时较重（图4-30）。

图 4-30　黄瓜蔓徒长表现的症状

2. 防治方法

（1）选用抗病品种。邯郸西葫芦、天津25号等品种较抗病，各地可因地制宜选用。

（2）坐瓜前采用小弓子简易覆膜栽培，可防病早熟。

（3）及时防治蚜虫、线虫。蚜虫迁飞期苗床应即时喷药杀灭，做到带药定植。此外，及时清洁田园，铲除杂草，可减轻病害。

二十、西葫芦白粉病

白粉病为小西葫芦主要病害，分布广泛，各地均有发生，春秋两季发生最普遍，主要为害作物西葫芦主要为害部位叶片，叶柄。发病率30%~100%，对产量有明显影响，一般减产10%左右，严重时，可减产50%以上。此病除为害小西葫芦外，还为害黄瓜、南瓜、冬瓜、丝瓜、甜瓜等多种瓜类作物。

1. 症状诊断识别

苗期至收获期均可染病。主要为害叶片，叶柄和茎为害次之，果实较少发病。叶片发病初期，产生白色粉状小圆斑，后逐渐扩大为不规则的白粉状霉斑（即病菌的分生孢子），病斑可连接成片，受害部分叶片逐渐发黄，后期病斑上产生许多黄褐色小粒点（即病菌的子囊壳）。发生严重时，病叶变为褐色而枯死（图4-31）。

图4-31 西葫芦白粉病症状

2. 防治方法

（1）发病期，及时清除病株残体，病果、病叶、病枝等。

（2）拉秧后彻底清除病残落叶及残体。

（3）对保护地、田间做好通风降湿，保护地减少或避免叶面结露。

（4）不偏施氮肥，增施磷、钾肥，培育壮苗，以提高植株自身的抗病力。适量灌水，阴雨天或下午不宜浇水，预防冻害。

二十一、西葫芦灰霉病

西葫芦灰霉病，是西葫芦、黑皮西葫芦生产上的重要病害，北方保护地、南方露地普遍发生，严重时发病株率可达30%~40%。主要为害花和瓜，也为害叶和茎蔓。南方该病在瓜类作物上辗转传播，无明显越冬期。北方主要以菌核或菌丝体在土壤中越冬，分生孢子在病残体上可存活4~5个月，成为初侵染源。此病在低温高湿，湿度高于94%，寄主衰弱情况下易发生。

1. 症状诊断识别

西葫芦灰霉病为真菌性病害。主要为害花、幼果、叶、茎或较大的果实。病菌首先从凋萎的雌花开始侵入，侵染初期花瓣呈水浸状；后变软腐烂并生长出灰褐色霉层，后病菌逐渐向幼果发展，受害部位先变软腐烂，后着生大量灰色霉层；也可导致茎叶发病，叶片上形成不规则大斑，中央有褐色轮纹，绕茎1周后可造成茎蔓折断。西葫芦灰霉病为害花、幼瓜、茎、叶等，以为害花和幼瓜最为普遍。

发病初期，花蕾、幼瓜蒂部成水渍状，色渐变浅，病部变软、腐烂。潮湿时，病斑表面密生灰黑色霉状物。花冠枯萎腐烂，瓜条停止生长，瓜尖腐烂。叶部发病，病斑初为水渍状，后变为浅灰褐色，病斑直径达0.2~0.25cm，其边缘较明显，中间有时有灰色霉状物，有时有不明显的轮纹。茎上发病，溃烂，生灰褐色霉状物，前部瓜蔓折断死亡（图4-32）。

2. 防治方法

（1）首先要调控好温室内的温湿度，要利用温室封闭的特点，创造一个高温、低湿的生态环境条件，控制灰霉病的发生与发展。如果西葫芦灰霉病已经发生并蔓延开了，可进行高温灭菌处理：在晴天的

图4-32　西葫芦灰霉病症状

清晨先通风浇水、落秧，使黄瓜瓜秧生长点处于同一高度，10：00时，关闭风口，封闭温室，进行提温。注意观察温度（从顶风口均匀分散吊放 2~3 个温度计，吊放高度于生长点同）当温度达到 42℃时，开始记录时间，维持 42~44℃达 2 个小时，后逐渐通风，缓慢降温至 30℃。可比较彻底的杀灭病菌与孢子囊。

（2）要注意实行轮作，增施有机肥料，合理肥水，调控平衡营养生长与生殖生长的关系，促进瓜秧健壮。

（3）要注意及时喷药保护和防治，注意每次灌水之前，必须事先细致喷洒防病药液保护植株不受病菌侵染。

第二节　葫芦科蔬菜虫害及防治技术

一、黄瓜瓜蚜

1. 症状诊断识别

黄瓜瓜蚜以成虫及若虫在叶背和嫩茎上吸食作物汁液。瓜苗嫩叶及生长点被害后，叶片卷缩，瓜苗萎蔫，甚至枯死。老叶受害，提前枯落，缩短结瓜期，造成减产（图 4–33）。

形态特征：无翅胎生雌蚜体长 1.5~1.9mm，夏季黄绿色，春、秋墨绿色。触角第三节无感觉圈，第五节有 1 个，第六节膨大部有 3~4 个。体表被薄蜡粉。尾片两侧各具毛 3 根。

成蚜：分为干母、有翅孤雌胎生蚜、无翅胎生蚜等。干母是由越冬卵孵化的无翅孤雌胎生蚜，体长 1.7mm，暗绿色，复眼红褐色；有翅孤雌胎生蚜体长

图 4–33　黄瓜瓜蚜为害状及成虫形态

1.2~1.9mm，黄色、浅绿色或深绿色；头胸大部分为黑色，具有翅膀；无翅胎生蚜体长 1.5~1.9mm，黄色、绿色或深绿色，夏季以黄色居多。

若蚜：分为有翅蚜和无翅蚜两种。无翅若蚜体长 1.63mm，夏季体色淡黄色或黄绿色，复眼红色；有翅若蚜体型类似无翅若蚜，夏季淡黄色、秋季灰黄色，2 龄出现翅芽，翅芽后半部为灰黑色（图 4-34）。

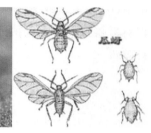

图 4-34　瓜蚜形态特征

蚜虫以卵在花椒树、木槿树、石榴树等枝条上越冬。也可以成蚜或若蚜在温室的蔬菜、花卉植株上越冬。越冬卵孵化出的蚜虫称为干母，干母生出的后代称为干雌，干雌在越冬寄主上繁殖 2~3 代后产生有翅蚜，有翅蚜向其他黄瓜植株或其他寄主上迁飞扩散，并不断地以孤雌胎生（母蚜不经过交配，直接产生若蚜）的方式繁殖有翅和无翅蚜，增殖扩散加重为害。迁回越冬寄主的蚜虫产生无翅的雌蚜和有翅的雄蚜，雌雄交配产卵，以卵越冬。瓜蚜的繁殖能力很强，当 5 天的平均气温上升到 12℃以上时，开始繁殖，在气温较低的早春和晚秋，完成一个世代需要 19~20 天，在夏季温暖的条件下只需要 4~5 天。华北地区年发生 10 余代，长江流域 20~30 天。每个雌蚜可产若蚜 60 余头。瓜蚜的发生与温度有密切的关系。16~22℃是繁殖的最适宜的温度，北方湿度超过 25℃，南方超过 27℃，相对湿度大 75% 以上，均不利于蚜虫的繁殖与发育，干燥气候适于蚜虫的发生，故北方蚜虫为害比南方为重。北方露地以 6—7 月中旬密度最大，7 月中旬以后，因高温、高湿和降水的冲刷，不利于蚜虫的发育生长，故为害的程度减轻。一般杂草多及通风不良的地块发病重。

2. 防治方法

（1）保护地提倡采用 20~25 目、丝径 0.18mm 的银灰色防虫网，防治瓜蚜，兼治瓜绢螟、白粉虱等其他害虫，方法参见美洲斑潜蝇。

（2）采用黄板诱杀。用 1 种不干胶，涂在黄色塑料板上，黏住蚜虫、白粉虱、斑潜蝇等，可减轻受害。

（3）瓜蚜点片发生时，喷洒 0.2% 蚜螨敌水剂或 0.3% 绿灵水剂 500~1 000 倍液、99.1% 敌死虫乳油 300 倍液、0.5% 印楝素乳油 800 倍液、1% 苦参碱醇溶液 500 倍液，持效 10 天。

（4）药剂防治。用 3.2% 甲氨阿维·氯微乳剂 5 000 倍液，或 48% 地蛆灵乳油（毒·辛）800 倍液，或 3% 啶虫脒乳油 1 500 倍液，或 10% 吡虫啉可湿性粉剂 2 000 倍液，或 25% 阿克泰水分散颗粒剂 2 500 倍液。抗蚜威对菜蚜防效好，但对瓜蚜效果差。保护地可选用 10% 异丙威杀蚜烟剂，每亩用药 36g，注意交替用药。

二、温室白粉虱

温室白粉虱，属同翅目，粉虱科。1975 年始于北京市，现几乎遍布中国。寄主黄瓜、菜豆、茄子、番茄、青椒、甘蓝、甜瓜、西瓜、花椰菜、白菜、油菜、萝卜、莴苣、魔芋、芹菜等各种蔬菜及花卉、农作物等 200 余种。

1. 症状诊断识别

温室白粉虱成虫和若虫吸食植物汁液，被害叶片褪绿、变黄、萎蔫，甚至全株枯死。此外，由于其繁殖力强，繁殖速度快，种群数量庞大，群聚为害，并分泌大量蜜液，严重污染叶片和果实，往往引起煤污病的大发生，使蔬菜失去商品价值。除严重为害番茄、青椒、茄子、马铃薯等茄科作物外，也是严重为害黄瓜、菜豆的害虫。

成虫体长 1~1.5mm，淡黄色。翅面覆盖白蜡粉，停息时双翅在体上合成屋脊状如蛾类，翅端半圆状遮住温室白粉虱整个腹部，翅脉简单，沿翅外缘有一排小颗粒。卵长约 0.2mm，侧面观长椭圆形，基部有卵柄，柄长 0.02mm，从叶背的气孔插入植物组织中。初产淡绿色，覆有蜡粉，而后渐变褐色，孵化前呈黑色。1 龄若虫体长约 0.29mm，长椭圆形，2 龄约 0.37mm，3 龄约 0.51mm，淡绿色或黄绿色，足和触角退化，紧贴在叶片上营固着生活；4 龄若虫又称伪蛹，体长 0.6~0.8mm，椭圆形，初期体扁平，逐渐加厚呈蛋糕状（侧面观），中央略高，黄褐色，体背有长短不齐的蜡丝，体侧有刺（图 4-35）。

在北方温室一年可生 10 余代，以各虫态在温室越冬并继续为害。成虫有趋嫩性，白粉虱的种群数量，由春至秋持续发展，夏季的高温多雨抑制作用不明显，到秋季数量达高峰，集中为害瓜类、豆类和茄果类蔬菜。在北方由于温室和露地蔬菜生产紧密衔接和相互交替，可使白粉虱周年发生此虫世代重叠严重。寄主植物达 600 种以上，包括多种蔬菜、花卉、特用作物、牧草和木本植物等。尤偏嗜黄瓜、番茄、烟草、茄子和豆类。成虫、若虫聚集寄主植物叶背刺吸汁液，使叶片退绿变黄，萎蔫以至枯死；成虫、若虫所排蜜露污染叶片，影响光合作用，且可导致煤污病及传播多种病毒病。除在温室等保护地发生为害外，对露地栽培植物为害也很严重。温室条件下一

图 4-35　温室白粉虱若虫、成虫形态

年发生 10 余代。在自然条件下不同地区的越冬虫态不同，一般以卵或成虫在杂草上越冬。繁殖适温 18~25℃，成虫有群集性，对黄色有趋性，营有性生殖或孤雌生殖。卵多散产于叶片上。若虫期共 3 龄。各虫态的发育受温度因素的影响较大，抗寒力弱。早春由温室向外扩散，在田间点片发生。

2. 防治方法

防治白粉虱以农业防治为基础，加强栽培管理，以培育"无虫苗"为重点，配合生物防治、物理防治和化学防治。

（1）农业防治。

①培育"无虫苗"：育苗时把苗床和生产温室分开，育苗前苗房进行熏蒸消毒，消灭残余虫口；清除杂草、残株，通风口增设尼龙纱或防虫网等，以防外来虫源侵入。

②合理种植避免混栽：避免黄瓜、番茄、菜豆等白粉虱喜食的蔬菜混栽，提倡第一茬种植芹菜、甜椒、油菜等白粉虱不喜食、为害较轻的蔬菜。二茬再种黄瓜、番茄。

③加强栽培管理：结合整枝打杈，摘除老叶并烧毁或深埋，可减少虫口数量。

（2）生物防治。采用人工释放丽蚜小蜂、中华草蛉和轮枝菌等天敌可防治白粉虱。

（3）物理防治。利用白粉虱强烈的趋黄习性，在发生初期，将黄板涂机油挂

于蔬菜植株行间，诱杀成虫。

（4）化学防治。药剂防治应在虫口密度较低时早期施用，可选用25%噻嗪酮（扑虱灵）可湿性粉剂1 000~1 500倍液、10%联苯菊酯（天王星）乳油2 000倍液、2.5%溴氰菊酯（敌杀死）乳油2 000倍液、20%氰戊菊酯（速灭杀丁）乳油2 000倍液、2.5%三氟氯氰菊酯（功夫）乳油3 000倍液、灭扫利乳油2 000~3 000倍液等，每隔7~10天喷1次，连续防治3次。

三、黄守瓜

黄守瓜属叶甲科守瓜属的一种昆虫。黄守瓜是瓜类蔬菜重要害虫之一。在我国分布广泛，大部分省区均有记载；朝鲜、日本、西伯利亚、越南也有分布。黄守瓜是瓜类作物的重要害虫，在我国北方1年发生1代，南方1~3代，中国台湾南部3~4代。以成虫在背风向阳的杂草、落叶和土缝间越冬。

1. 症状诊断识别

黄守瓜体长卵形，后部略膨大。体长6~8mm。成虫体橙黄或橙红色，有时较深。上唇或多或少栗黑色。腹面后胸和腹部黑色，尾节大部分橙黄色。有时中足和后足的颜色较深，从褐黑色到黑色，有时前足胫节和跗节也是深色。头部光滑几无刻点，额宽，两眼不甚高大，触角间隆起似脊。触角丝状，伸达鞘翅中部，基节较粗壮，棒状，第二节短小，以后各节较长。前胸背板宽约为长的2倍，中央具1条较深而弯曲的横沟，其两端伸达边缘。盘区刻点不明显，两旁前部有稍大刻点。鞘翅在中部之后略膨阔，翅面刻点细密。雄虫触角基节极膨大，如锥形。前胸背板横沟中央弯曲部分极端深刻，弯度也大。鞘翅肩部和肩下一小区域内被有竖毛。尾节腹片3叶状，中叶长方形，表面为一大深洼。雌虫尾节臀板向后延伸，呈三角形凸出；尾节腹片呈三角形凹缺（图4-36）。

图4-36　黄守瓜成虫为害及形态

黄守瓜成虫除了冬季外，生活在平地至低海拔地区，在郊外丝瓜、黄瓜等农田中极为常见。成虫会啃食瓜类作物的嫩叶与花朵，为害颇为严重。

黄守瓜属鞘翅目、叶甲科。我国为害瓜类的守瓜主要有3种，除黄守瓜外，另2种为黄足黑守瓜和黑足黑守瓜。黄守瓜分布于河南、陕西、华东、华南、西南等省地，在长江流域以南地区为害最烈；黄足黑守瓜主要分布在长江流域以南各省；黑足黑守瓜在西北陕西、甘肃等省及其余各省（区）均有分布。其中，以黄守瓜最为常见。

黄守瓜食性广泛，可为害19科69种植物。几乎为害各种瓜类，受害最重的是西瓜、南瓜、甜瓜、黄瓜等，也为害十字花科、茄科，豆科、向日葵、柑橘、桃、梨、苹果、朴树和桑树等。

黄守瓜成虫、幼虫都能为害。成虫喜食瓜叶和花瓣，还可为害南瓜幼苗皮层，咬断嫩茎和食害幼果。叶片被食后形成圆形缺刻，影响光合作用，瓜苗被害后，常带来毁灭性灾害；幼虫在地下专食瓜类根部，重者使植株萎蔫而死，也蛀入瓜的贴地部分，引起腐烂，丧失食用价值。

成虫： 体长7~8mm。全体橙黄或橙红色，有时略带棕色。上唇栗黑色。复眼、后胸和腹部腹面均呈黑色。触角丝状，约为体长之半，触角间隆起似脊。前胸背板宽约为长的2倍，中央有一弯曲深横沟。鞘翅中部之后略膨阔，刻点细密，雌虫尾节臀板向后延伸，呈三角形凸出，露在鞘翅外，尾节腹片末端呈角状凹缺；雄虫触角基节膨大如锥形，腹端较钝，尾节腹片中叶长方形，背面为一大深洼（图4-37）。

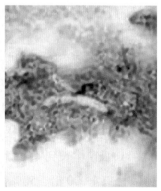

图4-37 成虫与幼虫形态

幼虫： 长约12mm。初孵时为白色，以后头部变为棕色，胸、腹部为黄白色，前胸盾板黄色。各节生有不明显的肉瘤。腹部末节臀板长椭圆形，向后方伸出，上有圆圈状褐色斑纹，并有纵行凹纹4条。

蛹：纺锤形。长约9mm。黄白色，接近羽化时为浅黑色。各腹节背面有褐色刚毛，腹部末端有粗刺2个。

2. 防治方法

（1）物理防治。防治黄守瓜首先要抓住成虫期，可利用趋黄习性，用黄盆诱集，以便掌握发生期，及时进行防治；防治幼虫掌握在瓜苗初见萎蔫时及早施药，以尽快杀死幼虫。苗期受害影响较成株大，应列为重点防治时期。

（2）改造产卵环境。植株长至4~5片叶以前，可在植株周围撒施石灰粉、草木灰等不利于产卵的物质或撒入锯末、稻糠、谷糠等物，引诱成虫在远离幼根处产卵，以减轻幼根受害。

（3）消灭越冬虫源。对低地周围的秋冬寄主和场所，在冬季要认真进行铲除杂草、清理落叶，铲平土缝等工作，尤其是背风向阳的地方更应彻底，使瓜地免受着暖后迁来的害虫为害。

（4）捕捉成虫。清晨成虫活动力差，借此机会进行人工捉拿。同时，可利用其假死性用药水盆捕捉，也可取得良好的效果。

（5）幼苗移栽施药。在瓜类幼苗移栽前后，掌握成虫盛发期，喷90%敌百虫1 000倍液2~3次。幼虫为害时，用90%敌百虫1 500倍液或烟草水30倍液点灌瓜根。

（6）幼虫药剂防治。幼虫的抗药性较差，可选用1 500倍液的敌敌畏或800倍液的辛硫磷或30倍液的烟筋（梗）浸泡液，用低压喷灌根部周围以杀灭幼虫，每株用100mL左右稀释液。

（7）农业防治。

①春季将瓜类秧苗间种在冬作物行间，能减轻为害。

②合理安排播种期，以避过越冬成虫为害高峰期。

（8）药剂防治。

①瓜苗生长到4~5片真叶时，视虫情及时施药。防治越冬成虫可用90%晶体敌百虫1 000倍、50%敌敌畏乳油1 000~1200倍；喷粉可用2%~5%敌百虫每亩1.5~2kg。

②幼苗初见萎蔫时，用50%敌敌畏乳油1 000倍或90%晶体敌百虫1 000~2 000倍液灌根，杀灭根部幼虫。

③可用20%蛾甲灵乳油1500~2 000倍液或10%氯氰菊酯1 000~1500倍液

或 10% 高效氯氰菊酯 5 000 倍液或 80% 敌敌畏乳油 1 000~2 000 倍液或 90% 晶体敌百虫 1500~2 000 倍液等，于中午喷施土表和田边杂草等害虫栖息场所来防治。此外，也可进行人工捕捉。

（9）防治关键时期。

黄守瓜是瓜类作物的主要害虫，特别是在苗期为害最大。因此，防治关键时期为瓜苗前期，具体措施如下。

① 网罩法：利用纱窗布（新、旧纱窗布均可）做成一个网罩，罩住瓜类幼苗，网罩下方用土块压紧，网罩与地面接触尽量不要留缝隙，以躲避黄守瓜对瓜类幼苗的严重为害。

② 撒草木灰法：对于幼小的瓜苗，在早上露水未干时，将草木灰撒于瓜苗上，能驱避黄守瓜成虫。

③ 人工捕捉法：在 4 月瓜苗一般较小，不宜用化学农药防治。可在清晨露水未干前，成虫活动不太活跃时捕捉，也可在白天用捕虫网捕捉。

④ 药驱法：可用化学农药驱避成虫，农药不接触幼苗，既不会使瓜苗产生药害，又能防治黄守瓜的成虫，达到保苗的目的。可选用 52.5% 农地乐 20~30 倍液、4.5% 高效氯氰菊酯微乳剂 50 倍液、20% 氰戊菊酯乳油 30 倍液或 50% 敌敌畏乳油 20 倍液等。蘸取的农药交替使用，驱虫效果更好。

6—7 月是防止幼虫在瓜类蔬菜根部为害的重点时期。此期要注意经常检查，发现植株地上部分枯萎时，除了考虑瓜类枯萎病外，更要及时扒开根际土壤，看植株根部是否有黄守瓜的幼虫。幼虫体色白色或黄白色，体长 10mm 左右，很好辨认。低龄幼虫为害细根，3 龄以上幼虫蛀食主根后，地上叶子萎缩，严重的导致瓜藤枯萎，甚至全株枯死。如若发现有幼虫钻入根内或咬断植株根部，可用 20% 杀灭菊酯 3 000 倍液、烟草水 30 倍浸出液、50% 敌敌畏乳油 1 000 倍液、90% 晶体敌百虫 1 000 倍液灌根，交替灌根，防治效果较好。

四、瓜绢螟

1. 症状诊断识别

瓜绢螟，又名瓜螟、瓜野螟，为鳞翅目螟蛾科绢野螟属的一种昆虫。主要为害葫芦科各种瓜类及番茄、茄子等蔬菜。幼龄幼虫在瓜类的叶背取食叶肉，使叶片呈灰白斑，3 龄后吐丝将叶或嫩梢缀合，匿居其中取食，使叶片穿孔或

图4-38 瓜绢螟生活史

缺刻，严重时，仅剩叶脉，直至蛀入果实和茎蔓为害，严重影响瓜果产量和质量（图4-38）。

主要为害丝瓜、苦瓜、黄瓜、甜瓜、西瓜、冬瓜、番茄、茄子等蔬菜作物。北起辽宁，内蒙古自治区等省区，南至国境线，长江以南密度较大。近年来，河南、山东等省常发生，为害也很严重。

为害特点：幼龄幼虫在叶背啃食叶肉，呈灰白斑，3龄后吐丝将叶或嫩梢缀合，居其中取食，使叶片穿孔或缺刻，严重仅留叶脉。幼虫常蛀入瓜内，影响产量和质量。

成虫体长11mm，头、胸黑色，腹部白色，第一节、第七节、第八节末端有黄褐色毛丛。前、后翅白色透明，略带紫色，前翅前缘和外缘、后翅外缘呈黑色宽带。卵扁平，椭圆形，淡黄色，表面有网纹。末龄幼虫体长23~26mm，头部、前胸背板淡褐色，胸腹部草绿色，亚背线呈2条较宽的乳白色纵带，气门黑色。蛹长约14mm，深褐色，外被薄茧（图4-39）。

2.防治措施

（1）提倡采用防虫网，防治瓜绢螟兼治黄守瓜。

（2）清洁田园，瓜果采收后将枯藤落叶收集沤埋或烧毁，可压低下代或越冬虫口基数。

（3）人工摘除卷叶：捏杀部分幼虫和蛹。

（4）提倡用螟黄赤眼蜂防治瓜绢螟。此外，在幼虫发生初期，及时摘除卷叶，置于天敌保

图4-39 瓜绢螟幼虫、成虫形态

护器中，使寄生蜂等天敌飞回大自然或瓜田中，但害虫留在保护器中，以集中消灭部分幼虫。

（5）药剂防治。掌握在幼虫 1~3 龄时，喷洒 2% 天达阿维菌素乳油 2 000 倍液、2.5% 敌杀死乳油 1 500 倍液、20% 氰戊菊酯乳油 2 000 倍液、48% 乐斯本乳油或 48% 天达毒死蜱 1 000 倍液、5% 高效氯氰菊酯乳油 1 000 倍液。

第五章

葱蒜类蔬菜病虫害及防治技术

第一节　葱蒜类蔬菜病害及防治技术

一、葱类霜霉病

葱类霜霉病是大葱、洋葱上的重要病害，条件适宜时病害则迅速蔓延，造成严重损失。除为害大葱、洋葱之外，还为害大蒜、韭菜等其他经济作物。

1. 症状诊断识别

洋葱霜霉病主要为害叶片。发病轻的病斑呈苍白绿色长椭圆形，严重时波及上半叶，植株发黄或枯死，病斑呈倒"V"字形。花梗染病同叶部症状，易因病折断枯死。湿度大时，病部长出白色至紫灰色霉层，即病菌的孢囊梗及孢子囊。鳞茎染病后变软，外部的鳞片表面粗糙或皱缩。植株矮化，叶片扭曲畸形。

症状：大葱霜霉病主要为害叶和花梗，花梗上初生黄白色或乳黄色较大侵染斑，纺锤形或椭圆形，其上产生白霉，后期变为淡黄色或暗紫色。中下部叶片染病，病部以上渐干枯下垂。假茎染病多破裂，弯曲。鳞茎染病，可引致系统性侵染，这关病株矮缩，叶片畸形或扭曲，湿度大时，表面长出大量白霉（图5-1）。

病原与发病规律：该病由鞭毛菌亚门霜霉属的真菌侵染引起。病菌主要以卵孢子随病残体在土中越冬，也可以菌丝体潜伏在鳞茎内越冬。第二年通过雨水反溅，传到叶片上进行初侵染，潮湿时，病部产生大量的孢子囊，主要随气流传播，引起再侵染。雨水和昆虫也能传播，种子能否传播有待研究。夜间凉湿，白天温暖，浓雾重露，土壤黏湿条件有利于该病的发生和流行。

2. 防治方法

（1）选用无病种子。选无病地块留种，新买的种子用50℃温水浸种25分钟，冷却后播种。

（2）加强园田管理。选地势高，排水好，通风的地块种植。施足肥料，增施磷钾肥。合理灌水，不使葱地过湿。发现病株，及时拔除埋掉。收获后彻底清除病残体，集中处理，并进行深耕，减少菌源。

（3）药剂防治。发病初期喷药防治，每隔7~10天喷1次，连喷3~4次，常有的药剂有70%乙膦铝锰锌可

图5-1　葱类霜霉病症状

湿性粉剂600~800倍液，25%甲霜灵霜霉威可湿性粉剂500~1 000倍液，50%安克可湿性粉剂2 500倍液，70%品润干悬浮剂500~700倍液，72.2%扑霉特700~1 000倍液。

二、葱紫斑病

1.症状诊断识别

葱紫斑病，又称黑斑病、轮斑病。主要为害叶片和花梗。病斑椭圆形至纺锤形，通常较大，长径1~5cm或更长，紫褐色，斑面出现明显同心轮纹。

葱紫斑病又称黑斑病、轮斑病。主要为害叶片和花梗。病斑椭圆形至纺锤形，通常较大，长径1~5cm或更长，紫褐色，斑面出现明显同心轮纹；湿度大时，病部长出深褐色至黑灰色霉状物，此即为本病病征（分生孢子梗与分生孢子）。当病斑相互融合和绕叶或花梗扩展时，致全叶（梗）变黄枯死或倒折。采种株染病，种子皱缩不饱满，发芽率低。本病还可为害大蒜、韭菜、薤头（藠头）等蔬菜（图5-2）。

病原为半知菌亚门的香葱链格孢菌。病菌以菌丝体在寄主体内或随病残体遗落在土壤中越冬，种子也可带菌。但在南方温暖地区特别是广东，病菌以分生孢

子在葱类植物上辗转传播为害，并无明显越冬期。分生孢子通过气流传播，从伤口、气孔或表皮直接侵入致病。病菌孢子形成、萌发和侵入均需有水滴存在，故温暖多湿的天气和植地环境有利于发病。沙质土、旱地，或肥水不足，或葱蓟马猖獗的田块，往往发病严重。早苗、

图5-2　葱紫斑病症状

老苗发病也较重。品种间抗病性有差异。

2. 防治方法

（1）重病地区和重病田应实行轮作。

（2）因地制宜地选用抗病良种。播前种子消毒（40~45℃温水浸泡1.5小时，或40%福尔马林300倍液浸3小时，水洗后播种）。

（3）加强肥水管理，注重田间卫生。

（4）及早喷药，预防控病。发病初期喷施75%百菌清+70%托布津（1:1）1 000~1500倍液，或30%氧氯化铜+70%代森锰锌（1:1，即混即喷）1 000倍液，或40%三唑酮多菌灵、或45%三唑酮福美双可湿粉1 000倍液，或30%氧氯化铜+40%大富丹（1:1，即混即喷）800倍液，或3%农抗120水剂100~200倍液，2~3次或更多，隔7~15天1次，交替喷施，前密后疏。

三、韭菜灰霉病

1. 症状诊断识别

韭菜灰霉病俗称"白点"病，是韭菜上常见的病害之一，各菜区普遍发生。冬春低温、多雨年份为害严重。严重时，常造成叶片枯死、腐烂，不能食用，直接影响产量。

主要为害叶片，初在叶面产生白色至淡灰色斑点，随后扩大为椭圆形或梭

形，后期病斑常相互联合产生大片枯死斑，使半叶或全叶枯死。湿度大时，病部表面密生灰褐色霉层。有的从叶尖向下发展，形成枯叶，还可在割刀口处向下呈水渍状淡褐色腐烂，后扩展为半圆形或"V"字形病斑，黄褐色，表面生灰褐色霉层，引起整簇溃烂，严重时，成片枯死（图5-3）。

图5-3　韭菜灰霉病

此病由真菌半知菌亚门葱鳞葡萄孢菌侵染引起。主要为害韭菜、洋葱、大葱等葱蒜类蔬菜。病菌以菌丝体或菌核的形式随病残体在土壤中越冬，也可以分生孢子在鳞茎表面越冬。但在气候温暖地区，多以分生孢子在病残体上越冬。翌年春天条件适宜时产生分生孢子。分生孢子借气流或雨水反溅传播，病菌从气孔或伤口等侵入叶片，引起初侵染。病部产生的分生孢子随气流、雨水和农事操作等传播，进行再侵染。深埋土下15cm的菌核，经21个月，成活率仍达79%。

病菌喜冷凉、高湿环境，发病最适气候条件为温度15~21℃，相对湿度80%以上。浙江省及长江中下游地区露地栽培韭菜灰霉病的主要发病盛期为春季节3—5月。韭菜灰霉病的感病生育期在成株期。地势低洼、排水不良、种植密度过大、偏施氮肥、生长不良的田块发病重。年度间冬春低温、多雨年份为害严重。

病菌随病残体在土壤中及病株上越冬，随气流、雨水、灌溉水传播，进行初侵染和再侵染，温度高时产生菌核越夏。低温高湿发病重。在早春或秋末冬初，遇到连阴雨天气，相对湿度95%以上，易造成流行。

2. 防治方法

（1）种植抗病品种。

（2）农业防治。施足腐熟有机肥，增施磷钾肥，提高作物抗病性；清除病残体，每次收割后要把病株清除出田外深埋或烧毁，减少病源。

（3）药剂防治。每次收割后及发病初期，喷洒绿盾牌4%农抗120瓜菜烟草型500~600倍液，可有效控制病达的发生。农抗120属微生物发酵产物，无毒、无残留、无药害，对人体安全，是生产无公害蔬菜的首选杀菌剂。同时，内含17种氨基酸和其他多种营养物质，可促进韭菜生长，提高韭菜产量。也可喷50%速克灵或50%农利灵1 000倍液或50%多菌灵800倍液。

（4）清洁田园。韭菜收割后，及时清除病残体，深埋或烧毁，防止病菌蔓延。

（5）适时通风降湿是防治该病的关键。通风量要根据韭菜的长势确定。刚割过的韭菜或外界温度低时，通风量要小或延迟通风，严防扫地风。

四、韭菜疫病

韭菜是多年生蔬菜，占地时间较长，随着连作种植年限的增加，菌源集中，疫病为害越来越严重，个别地块发病率高达70%以上，各菜区普遍发生，主要为害韭菜、葱类和大蒜等蔬菜。梅雨期长、雨量多的年份发生为害重。发病严重时，常造成叶片枯萎，直接影响产量。

1. 症状诊断识别

韭菜叶片受害，初为暗绿色水浸状病斑，病部缢缩，叶片变黄凋萎。天气潮湿时病斑软腐，有灰白色霜。叶鞘受害呈褐色水浸状病斑、软腐、叶剥离。鳞茎、根部受害呈软腐，影响养分的吸收和积累（图5-4）。

此病由真菌鞭毛菌亚门卵菌纲烟草疫真菌侵染所致。病菌主要以菌丝体、卵孢子及厚垣孢子随病残体在土壤中越冬，翌年条件适宜时，产生孢子囊和游动孢子，借风雨或水流传播，萌发后以芽管的方式直接侵入寄主表皮。发病后湿度大时，又在病部产生孢子囊，借风雨传播蔓延，进行重复侵染。

病菌喜高温、高湿环境，发病最适气候条件为温度25~32℃，相对湿度90%以上。浙江省及长江中下游地区露地栽培韭菜疫病的主要发病盛期5—9

月。韭菜疫病的感病生
育期在成株期至采收期。
连作、田间积水、偏施
氮肥、植株徒长、棚室
通风不良的田块发病重。
年度间梅雨期长、雨量
多的年份发病重。

图5-4　韭菜疫病症状

2.防治方法

（1）轮作。栽培地、
育苗地应选择3年内未
种过葱蒜类蔬菜的地块。

（2）平整土地。及
时整修排涝系统，大雨
后畦内不积水，消灭涝洼坑。

（3）培育健壮植株。如采取栽苗时选壮苗，剔除病苗，注意养根，勿过多收
获，收割后追肥，入夏后控制灌水等栽培措施，可使植株生长健壮。

（4）束叶。入夏降雨前应摘去下层黄叶，将绿叶向上拢起，用马蔺草松松捆
扎，以免韭叶接触地面，这样植株之间可以通风，防止病害发生。

（5）药剂防治。7月中旬至8月上旬选用25%甲霜灵可湿性粉剂600~800
倍液、64%杀毒矾可湿性粉剂500倍液、0.1%~0.2%硫酸铜溶液灌浇植株根茎
部，或栽植时选用上述药液沾根均有效果。

第二节　葱蒜类蔬菜虫害及防治技术

一、葱蓟马

1.症状诊断识别

葱蓟马为缨翅目，蓟马科。分布在我国各省区。以成虫和若虫为害寄主的心
叶、嫩芽及幼叶，葱类的整个生长期都有其各虫态虫体活动、取食，致葱类受害
后在叶面上形成连片的银白色条斑，严重的叶部扭曲变黄、枯萎，严重影响葱类

的品质和产量，大葱在北方有生食之习惯，由于近年葱蓟马为害严重，致叶部食痕累累，已无法生食。成虫、若虫为害洋葱或大葱心叶、嫩芽及韭菜叶，受害时出现长条状白斑，严重时，葱叶扭曲枯黄。

　　雌成虫体长1.5mm，深褐色，触角第三节暗黄色，前翅略黄，腹部第2~8背板前缘线黑褐色。头略长于前胸，单眼间鬃长于头部其他鬃，位于三角连线外缘。复眼后鬃呈一横列排列。触角8节，第三节、第四节上的叉状感觉锥伸达前节基部。前胸背板后角各具1对长鬃，内鬃长于外鬃，后缘有3对鬃，中对鬃长于其余2对鬃；中胸背板布满横线纹。前翅前缘鬃49根，上脉鬃不连续，基部鬃7根，端鬃3根，下脉鬃12~14根。腹部第五至第八背板两侧栉齿梳模糊，第八背板后缘梳退化，3~7背侧片通常具3根附属鬃，3~7腹板各具9~14根附属鬃。雄虫短翅型，3~7腹板有横腺域（图5-5）。

图5-5　葱蓟马为害及形态特征

2.防治方法

（1）清除田间枯枝残叶，减少越冬基数。

（2）药剂防治是控制葱蓟马的关键。各地在查明当地为害葱类的主要蓟马种类后掌握在其若虫发生为害盛期及时喷洒10%吡虫啉可湿性粉剂2 500倍液或10%除尽乳油2 000倍液、40%绿菜宝乳油1500倍液、48%毒死蜱乳油1 300倍液、1.8%爱福丁（阿巴丁）乳油3 000倍液、17.5%蚜蜗净可湿性粉剂2 000倍液、40%七星保乳油600~800倍液、25%爱卡士乳油1 500倍液、50%辛硫磷乳泊 1 500 倍液。防治 2~3 次。

二、葱蚜

1.症状诊断识别

葱蚜属同翅目蚜科，主要为害韭菜、野蒜、葱和洋葱等葱蒜类蔬菜。分布于我国北京、四川、台湾、贵州、云南、山西等省（市），是葱类蔬菜的常见害虫之一。

成虫：无翅孤雌蚜体长 2mm，宽 1.2mm，体卵圆形黑色或黑褐色，头部、前胸黑色，中胸、后胸具黑缘斑，腹部色浅，第六节有中断横带，第七节、第八节各具宽横带；腹部微具瓦纹，背毛短，腹管淡色。触角细，长约 2.2mm，有瓦纹，第三节长，具短毛 27~34 根，无感觉圈；喙长达后足基节，额瘤圆隆起外倾，粗糙。腹管花瓶状，光滑。有翅孤蚜头部黑色，腹部色浅，第一、第三腹节具横带，第四、第五节中侧融合为 1 块大斑，第六、第七节横带与缘斑相连，第八节有窄横带 1 条，其余各节缘斑独立。翅脉镶黑边（图 5-6）。

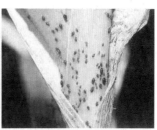

图 5-6　葱蚜为害及形态

葱蚜一年发生 20~30 代，若温度适宜终年可繁殖为害。在北方以若虫在贮藏的圆葱或大蒜上越冬，在田间以春、秋发生量大，为害严重。葱蚜具群集性，初期都集中在植株分蘖处，当虫量大时布满全株。此虫有假死性和趋嫩性。以若虫、成虫在寄主上吸取汁叶，造成植株早衰，严重时，枯黄萎蔫。

2.防治方案

（1）农业防治。

① 合理轮作：采用与韭蛆不能寄生的韭葱蒜类作物轮作 3 年以上，有条件的如能进行水旱轮作防效更好。

② 科学施肥：少施氮肥，增施磷肥。韭蛆成虫喜食腐败物，因此，施用腐熟的有机肥，可减轻韭蛆的发生。

③ 加强管理：育苗时浸种催芽，促进早发，苗床使用无虫床土。移栽时选择无蛆鳞茎。韭菜萌芽前清除枯叶及杂草，将韭菜根周围的表土翻开，使韭蛆暴

露于地表之外，使其自然死亡。

（2）物理防治。采用黄板诱杀、铺设银灰色反光塑料薄膜避蚜、防虫网覆盖栽培等。喷雾时喷头应向上，重点喷施叶片反面。阿维菌素类药剂可兼治红蜘蛛、蓟马等害虫，特别是夏菜秧苗及茄子施用杀虫素较为理想。吡虫啉类药剂可兼治蓟马，但对豆类、瓜类较敏感，高温季节慎用。保护地也可选用杀蚜烟剂，在棚室内分散放 4~5 堆，暗火点燃，密闭 3 小时左右即可。

（3）药剂防治。

① 撒施植物源农药：选用复方苦参杀虫剂或康绿功臣。每亩每次用复方苦参杀虫剂 1kg 或康绿功臣 2kg，在韭菜生长期间浇水后撒入行间，而后划锄埋入土中。如果韭菜收割后再把上述药剂分撒到行上与土混合，效果更佳。韭菜种子播种或根苗移栽前，每亩用 2kg 康绿功臣粉剂与基肥同施，防止效果明显。

② 用辛硫磷灌根或撒施：一般按每亩用 5% 辛硫磷颗粒剂 2kg，掺些细土撒于韭菜根附近，再覆土。或 50% 辛硫磷乳油 800 倍液与 BT 乳剂 400 倍液混合灌根均可。先扒开韭菜附近表土，将喷雾器的喷头去掉旋水片后对准韭根喷浇，随即覆土。如需结合灌溉用药，应适当增加用量先将药剂稀释成母液后随灌溉水施入田里。

③ 在幼虫为害盛期，韭菜叶先开始变黄变软出现倒伏时，每亩用 48% 乐斯本乳剂 200mL 对水 1 000kg 灌根。

三、韭蛆

1. 症状诊断识别

韭蛆又称韭菜迟眼蕈蚊，黄脚蕈蚊，属双翅目，眼蕈蚊科，迟眼蕈蚊属。主要为害韭菜、大葱、洋葱、小葱、大蒜等百合科蔬菜，偶尔也为害莴苣、青菜、芹菜等，分布于全国各地及台湾，是葱蒜类蔬菜的主要害虫之一。虫态有成虫、卵、幼虫、蛹，以幼虫聚集在韭菜地下部的鳞茎和柔嫩的茎部为害。初孵幼虫先为害韭菜叶鞘基部和鳞茎的上端。春、秋两季主要为害韭菜的幼茎引起腐烂，使韭叶枯黄而死。夏季幼虫向下活动蛀入鳞茎，重者鳞茎腐烂，整墩韭菜死亡（图 5-7）。

韭蛆成虫体长 2.5mm，全体黑褐色，头小，胸部隆起向前突出把头覆盖在下。幼虫黄白色，细长无足，体长 7mm，头漆黑色具光泽，前端尖，后端钝圆。

蛹裸露，初为黄白色，后变黄褐色，羽化前变为灰黑色。

一般一年发生4代，分别发生于5月上旬、6月中旬、8月上旬及9月下旬。以蛹越冬，7月下旬至8月上旬成、幼虫大发生，幼虫成群为害

图5-7　韭蛆的为害及形态

韭菜地下根茎；成虫喜阴湿能飞善走，甚为活泼，常栖息在韭菜根周围的土块缝隙间。韭蛆老熟幼虫或蛹在韭菜鳞茎内及根际3~4cm深的土中越冬。成虫畏光、喜湿、怕干，对葱蒜类蔬菜散发的气味有明显趋性。卵多产在韭菜根茎周围的土壤内。幼虫为害韭菜地下叶鞘、嫩茎及芽，咬断嫩茎并蛀入鳞茎内为害。露地栽培的韭菜田，韭蛆幼虫分布于距地面2~3cm处的土中，最深不超过5~6cm。土壤湿度是韭蛆发生的重要影响因素，黏土田较沙土田发生量少。

2.防治方法

（1）药剂防治。

①防治幼虫：可选用50%辛硫磷乳油1 000倍液、48%乐斯本乳油500倍液、1.1%苦参碱粉剂500倍液灌根，每月1次。10%灭蝇胺水悬浮剂亩用75g、90g用高压喷雾器顺垄喷药，对韭蛆防治效果显著。蔬菜采收前半个月停止用药，以防农药残留。当田间发生幼虫为害时，结合浇水，每亩地随水追施碳酸氢铵15~20kg，据说可杀灭幼虫。

②防治成虫：于成虫盛发期，顺垄撒施2.5%敌百虫粉剂，每亩撒施2~2.6kg；或用80%敌敌畏乳油或40%辛硫磷乳油800~1 000倍液、2.5%溴氰菊酯或20%杀灭菊酯乳油2 000倍液以及其他菊酯类农药如氯氰菊酯、氰戊菊酯、百树菊酯等，茎叶喷雾，上午9：00~11：00为宜，因为，此时为成虫的羽化高峰。尤秋季成虫发生集中、为害严重时，应重点防治。

（2）农业措施。

①育苗移栽，直播不仅产量低、成本大，而且田间管理难，韭蛆为害重。育苗移栽成功把握大，管理简便。苗床选择肥沃的冬闲地，按1:9确定苗床，既667m² 苗床可移栽9亩（667m²）大田。做成畦宽1.5m，长度随机而定，施

足基肥，惊蛰前后育苗，播后双膜覆盖，地膜加小拱棚。齐苗后揭去地膜，5月中旬小拱棚也撤去，这样做1代、2代韭蛆休想为害。6月中下旬起苗移栽，韭菜起苗时抖去宿土，剪去部分根须，留根1cm，每穴13~14根，栽后浇定根水，活棵后齐土面割去韭菜。适当换茬可减少韭蛆为害，但不宜过勤，一般5年换茬1次，如遭韭蛆为害的大田，为减少损失可及时清园换茬。

② 在做好合理密植、改善田间通风透光条件的同时，采用小拱棚扣膜保护栽培。扣膜栽培可提高韭菜的品质和经济效益，杜绝1代、2代韭蛆为害。控制3代、4代虫口基数，为全年丰收打下坚实基础。韭菜畦做成宽1.5m，竹弓子宽2cm，长1.8m，拱与拱之间1.5m，农膜厚度3丝左右。2月上旬扣膜，收割时只要揭一边，操作完毕再盖严实，5月下旬乘收割时撤膜。

四、地蛆

1. 症状诊断识别

地蛆是对为害农作物和蔬菜地下部分的花蝇科幼虫的统称，又称根蛆。我国常见的有：种蝇，葱蝇，萝卜蝇，小萝卜蝇。蛆是各种蝇类幼虫的总称，其种类很多，因其成虫（蝇）一般不会直接为害蔬菜，为害蔬菜幼苗的是它们的幼虫，所以，地蛆列为蔬菜的地下害虫之一。在我国常见的地蛆有种蝇的幼虫、萝卜蝇的幼虫、小萝卜蝇的幼虫和葱蝇的幼虫4种。种蝇在国内各地都有发生，葱蝇在东北、华北较多，萝卜蝇分布在东北、华北，西北以及内蒙古等地。为害特点：幼虫蛀食萌动的种子或幼苗的地下组织，引致腐烂死亡。

各种地蛆的成虫均为小形蝇类，其形态很相似，但与家蝇的区别明显。身体比家蝇小而瘦，体长6~7mm，翅暗黄色。静止时，两翅在背面选起后盖住腹部末端。仔细观察，它的纵翅脉都是直的，而且地蛆 直达翅缘。而家蝇的翅是白色而透明，静止时两翅向两侧"拉跨"、盖不住腹部，翅的中脉末端明星向前弯曲（图5-8）。

成虫：雌、雄之间除生殖器官不同外，头部有明显区别，雄蝇两复眼之间距离很近，雌蝇两复眼之间距离很宽。

卵：乳白色，长椭圆形。

蛹：是围蛹，红褐或黄褐色，长5~6mm，尾部有7对小突起。

幼虫：小蛆，尾部是钝圆的，与蚕幼虫相似，呈乳白色（家蝇蛆较大。而且尾部是较平的）。

生活习性：一是年发生代数：萝卜蝇为一年一代，小萝卜绳为3代，葱蝇为3~4代（北方）、种蝇在北方一年为3~6代。

二是越冬场所：4种蝇都是以蛹越冬。种蝇是以老熟幼虫在被害植物根部化蛹越冬，萝卜蝇是以蛹在菜根附近的浅土层中越冬，小萝卜蝇

图5-8　地蛆为害及形态

是以蛹在土中越冬，葱蝇是以蛹在被害的葱、蒜、韭根部附近土中或粪堆中越冬。

三是为害习性：种蝇是以孵化的幼虫钻入蔬菜幼茎为害，萝卜蝇是从叶柄基部钻入为害，小萝卜蝇是以幼虫从白菜、萝卜心叶及嫩茎钻入根茎内部为害，葱蝇是以幼虫钻入鳞茎内为害。

四是产卵习性：种蝇是产在种株或幼苗附近表土中，萝卜蝇是产在根茎周围土面或心叶、叶腋间，小萝卜蝇是产在嫩叶上和叶腋间，葱蝇是产在鳞茎、葱叶或植株周围的表土里。

五是趋性：种蝇的成虫喜聚于臭味重的粪堆上，早晚和夜间凉爽时躲于土缝中；萝卜蝇的成虫不喜日光，喜在荫蔽潮湿的地方活动，通风和强光时，多在叶背和根周背阴处。成虫活跃易动，春季发生数量多；葱蝇成虫多在胡萝卜、茴香及其他伞形花科蔬菜周围活动，中午活跃、喜粪肥味。

2.防治方法

（1）农业措施。因葱蝇对人畜粪、发酵的有机物散发出的腐臭气味有趋性，故施肥时要将有机肥料充分腐熟，并深施覆土，或多施草木灰肥（最好施在植株根部周围），以避驱葱蝇，减少其产卵的机会；平时，发现枯萎的葱蒜植株应及时挖除，并将钻藏于鳞茎中的地蛆杀死，以免为害其他植株。

（2）药剂防治。在栽植鳞茎类蔬菜种苗时，可边栽边施毒土；或在地蛆入鳞茎初期，用40%乐果或辛硫磷800~1 000倍液灌根灭杀。

（3）科学管理。适时灌水、勤中耕松土。

第六章

茄科蔬菜病虫害及防治技术

第一节　茄科蔬菜病害防治

茄科蔬菜病害种类繁多，为害番茄生产的主要有番茄病毒病、番茄叶霉病、番茄晚疫病、番茄早疫病、番茄灰霉病、番茄枯萎病和番茄溃疡病等。辣椒病害主要有花叶病、青枯病和枯萎病以及疫病等。茄子的主要病害有绵疫病、褐纹病和黄萎病。

一、番茄病毒病

番茄病毒病是通过蚜虫、田间操作接触传病，并随病残体在土壤中或在种子和其他宿根植物上越冬的病毒。

1.症状类型

番茄病毒病症状类型主要有6种：

一是花叶型：表现为叶片上出现黄绿相间或深浅相间斑驳，叶脉透明，叶略有皱缩，植株略矮。

二是蕨叶型：植株不同程度矮化，由上部叶片开始全部或部分变成线状，中、下部叶片向上微卷，花冠变为巨花。

三是条斑型：可发生在叶、茎、果上，在叶片上为茶褐色的斑点或云纹，在茎蔓上为黑褐色条形斑块，斑块不深入茎、果内部。

四是卷叶型：叶脉间黄化，叶片边缘向上方弯卷，小叶扭曲、畸形，植株萎缩或丛生。

五是黄顶型：顶部叶片褪绿或黄化，叶片变小，叶面皱缩，边缘卷起，植株矮化，不定枝丛生。

六是坏死型：部分叶片或整株叶片黄化，发生黄褐色坏死斑，病斑呈不规则状，多从边缘坏死、干枯，病株果实呈淡灰绿色，有半透明状浅白色斑点透出。此外，有时还可看到巨芽型（图6-1至图6-4）。

图6-1　番茄病毒病-花叶型

2. 病原

番茄病毒病的病原有20多种，主要有烟草花叶病毒（ToMV）、黄瓜花叶病毒（CMV）、烟草卷叶病毒（TLCV）、苜蓿花叶病毒（AMV）等。烟草花叶病毒主要通过寄主伤口上的汁液接触传染。黄瓜花叶病毒主要由蚜虫传染，此外，用汁液摩擦接种传染。

图6-2　番茄病毒病-蕨叶型；番茄病毒病-条斑型（叶）

条斑型（茎）　　　　　条斑型（果实）

图6-3　番茄病毒病

3. 发病特点

番茄病毒病的发生与环境条件关系密切，一般高温干旱天气利于病害发生。此外，施用过量的氮肥，植株组织生长柔嫩或土壤瘠薄、

图6-4　番茄病毒病-卷叶型、黄顶型；
番茄病毒病-坏死型

板结、黏重以及排水不良发病重。番茄病毒的毒源种类在一年里往往有周期性的变化，春夏两季烟草花叶病毒比例较大，而秋季黄瓜花叶病毒为主。因此，生产

上防治时应针对病毒的来源，采取相应的措施，才能收到较满意的效果。

4.几种典型的番茄病毒病及防治方法

（1）黑环病毒病

症状： 番茄幼苗接种后 7~12 天出现许多局部及系统的小黑环斑，有时茎上也出现黑环斑，严重的枝尖生长点也变黑枯死。苗期严重期渡过后症状可出现恢复现象，以后只有轻微斑驳或叶片畸形，不再有黑环斑。线虫是近距离自然传播的媒介，传毒媒介主要有长针线虫，当这种线虫在感染番茄黑环病毒的植株上取食时，再去为害健株时，吸附到口针鞘上的病毒就可传入。此外，种子也可传毒（图 6-5）。

图 6-5　番茄黑环病毒病症状

防治方法： 一是种子消毒：播种前用清水浸种 3~4 小时，再放入 10% 磷酸三钠溶液中浸 30~50 分钟，捞出后用清水冲净再催芽播种，或用 0.1% 高锰酸钾溶液浸种 30 分钟。二是番茄栽培地应选择未患已知 TBRV 侵染作物品种的种植地区和不受带毒 Longidorus 品种侵染的土地。三是发病初期可用 20% 盐酸吗啉胍乙酸铜可湿性粉剂 500 倍液、浩瀚高科 2% 氨基寡糖素水剂 300 倍液、1.5% 的植病灵乳剂 1 000 倍液、3 氮唑核苷（32% 核苷溴吗啉胍）水剂 500 倍液、2% 宁南霉素水剂 150~250 倍液、5% 菌毒清水剂 300~500 倍液，等杀菌农药剂喷雾，每隔 5~7 天喷 1 次，连续喷 2~3 次。四是 TBRV 暴发的防治通过允许作物闲置间隔，或是通过裸露休耕或是栽培病毒免疫寄主。在此期间，假如病毒重新导入田地，好的杂草控制方法可防治任何残存的带毒线虫，线虫介体逐渐丧失侵染性。或者，通过土壤熏蒸法或适当的土壤消毒剂杀死线虫。

（2）黄化曲叶病毒病。

症状： 染病番茄植株矮化，生长缓慢或停滞，节间变短，顶部叶片常稍褪绿发黄、变小、变厚、变硬、叶片边缘上卷，叶背面叶脉常显紫色。生长发育后期染病植株结果数少，果实小，成熟期的果实不能正常转色（图 6-6）。

图 6-6　番茄黄化曲叶病毒病症状

防治方法：根据番茄黄化曲叶病毒的发生规律和传毒特点，应采取以预防为主、全程监控的防治策略。一是选择免疫品种或抗病品种。二是培育无病无虫苗：该病对番茄植株侵害越早，发病率越高，所以预防要从育苗期抓起，做到早防早控，力争少发病或不发病。苗床周围杂草要除干净，苗床土壤要进行消毒处理，以减少病源。三是播期避病：番茄的定值期应尽量错开烟粉虱活动高峰期。四是培育壮苗：育苗时，要隔离育苗＋黄板预警＋低毒农药防治三结合方法进行育苗。育苗时苗床用60目以上防虫网覆盖育苗棚，进行隔离育苗，浇水时，可用60%吡虫啉悬浮种衣剂300倍水溶液浇灌幼苗，当真叶出现后立即悬挂黄色沾虫板，每10m² 苗床挂一张，当发现黄板诱杀烟粉虱数量在2头以上时，及时喷施农药灭杀烟粉虱。五是加强田间管理：在栽培上适当控制氮肥用量和保持田间湿润。施肥灌水做到少量多次，做到不旱不涝，适时放风，避免棚内高温，调节好田间温湿度，增施有机肥，促进植株生长健壮，提高植株的抗病能力，及时清除田间杂草和残枝落叶，以减少虫源。注意田间管理防治接触传染，在绑蔓、整枝、打杈、黏花和摘果等操作时，应先处理健株，后处理病株，注意手和工具要用肥皂水充分擦洗，减少人为的传播，发现病株及时清除，减少病毒源。六是及时防治烟粉虱：当平均每株成虫3头时，可用25%阿克泰水分散粒剂3 000倍液，或20%呋虫胺30~40mL/亩，或24%螺虫乙酯悬浮剂20~30mL/亩，尤其应掌握在"点片"发生阶段。喷药时间最好早晨露水未干时进行。七是实行轮作换茬：发病严重地块要与茄科以外的其他作物实行3年以上的轮作，避免间套作和连作，减少和避免番茄病毒病土壤和残留物的传毒，减轻病毒病的发生；育苗地和栽植棚地应彻底清除带毒杂草，减少病毒病的毒源。

二、番茄叶霉病

1.发生条件和症状

番茄叶霉病是由真菌半知菌亚门的褐孢霉侵染所导致，番茄叶霉病通常发生在叶片上，随着病情的发展，叶片由下向上逐渐卷曲，植株呈黄褐色干枯。从发病的顺序来看，经常是从植株下部向上蔓延，大棚温度在9~34℃，病原都能生长发育，病原发育的最适宜温度是20~25℃，最适相对湿度在90%左右，温度、湿度合适的情况下，叶霉病病害仅需10天到半个月就可普遍发病。番茄的感病生育期是开花结果期。番茄果实发病，一般围绕果蒂形成圆形或不规则的黑色硬

图 6-7　番茄叶霉病株

质斑块，稍凹陷（图 6-7）。

2. 防治方法

（1）选用抗病品种，并进行种子消毒（可用 52℃水搅烫种子 30 分钟）。市场上推广的品种中高抗叶霉病的有佳粉 15、佳粉 16、佳粉 17、中杂 7 号、沈粉 3 号、佳红 15 等，可因地制宜，选用种植。

（2）合理轮作。和非茄科作物进行 3 年以上轮作，以降低土壤中菌源数。

（3）种子消毒。无病种子可减轻田间由种子带菌引起的初侵染。引进种子需要进行种子处理，采用温水浸种。对于温室栽培的番茄种子宜选择用 55℃温水浸种 30 分钟，以清除种子内外的病菌，取出后在冷水中冷却，用高锰酸钾浸种 30 分钟，取出种子后用清水漂洗几次，最后晒干催芽播种。

（4）提倡采用生态防治。重点是控制温、湿度，增加光照，预防高湿低温。加强水分管理，浇水改在上午，苗期浇小水，定植时灌透，开花前不浇，开花时轻浇，结果后重浇，浇水后立即排湿，尽量使叶面不结露或缩短结露时间。露地栽培时，雨后及时排除田间积水。增施充分腐熟的有机肥，避免偏施氮肥，增施磷钾肥，及时追肥，并进行叶面喷肥。定植密度不要过高，及时整枝打杈、绑蔓，植株坐果后适度摘除下部老叶。

三、番茄早疫病

番茄早疫病（TEB）又称为"轮纹病"，各地普遍发生，是为害番茄的重要病害之一。一直以来，一些地区由于推广抗病毒病而不抗早疫病的番茄品种，导致早疫病严重发生。此病原寄主范围广泛，除为害番茄外，还可为害茄子、辣椒等等茄科蔬菜作物和马铃薯。

1. 症状

番茄早疫病多发于叶片，最初出现暗褐色水渍状的小斑点，逐步扩大为直径 6~10mm 的圆形或椭圆形病斑，病斑上出现同心轮纹。病斑的边缘部有黄色的晕环。潮湿时，病斑上长出黑霉。病害严重时，叶片上形成许多病斑，下部叶片枯死。其最主要特征是不论发生在果实、叶片或主茎上的病斑，都有明显的轮纹，所以，又被称作轮纹病。果实病斑常在果蒂附近，茎部病斑常在分杈处，叶部病斑发生在叶肉上（图6-8）。

图6-8　番茄早疫病症状
（叶片发病、茎发病、果实发病、大田发病）

2. 防治方法

（1）品种的选择。选择抗病品种，一般早熟品种、窄叶品种发病偏轻，高棵、大秧、大叶品种发病偏重。

（2）注意轮作。与非茄科作物进行3年以上的轮作。在选择育苗床时，也要注意轮作。

（3）种子的处理。在注意从无病地块、无病植株上选留种子的基础上，在播前可用52℃温水、自然降温处理30分钟，然后冷水浸种催芽。

（4）培育壮苗。要调节好苗床的温度和湿度，在苗子长到两叶一心时进行分苗，谨防苗子徒长。可防止苗期患病。

（5）加强田间管理。要实行高垄栽培，合理施肥，定植缓苗后要及时封垄，促进新根发生。温室内要控制好温度和湿度，加强通风透光管理。结果期要定期摘除下部病叶，深埋或烧毁，以减少传病的机会。

四、番茄晚疫病

番茄晚疫病是番茄上重要病害之一，局部地区发生。连续阴雨天气多的年份为害严重。发病严重时，造成茎部腐烂、植株萎蔫和果实变褐色，影响产量。

1. 发病症状

番茄晚疫病多发生于叶、茎和果实。一是叶片染病：病斑大多先从叶尖或叶缘开始，初为水浸状褪绿斑，后渐扩大，可扩及叶的大半以至全叶，最后植株叶片边缘长出一圈白霉，湿度特别大时叶正面也能产生。

二是茎染病：病害在茎部形成褐色条斑，病斑在潮湿的环境下也长出稀疏的白色霜状霉。

三是果实染病：果实上出现轮廓不分明、具有褐色光泽的火烧状病斑。病斑扩大后，呈暗褐色，果实凹陷，最后腐烂（图6-9、图6-10）。

图6-9　番茄晚疫病（叶片正面染病图、番茄晚疫病叶片背面染病图）症状

图6-10　番茄晚疫病果实染病症状

2. 防治方法

（1）选用抗病品种。如百利、L-402、中蔬4号、中蔬5号、中杂4号、圆红、渝红2号、强丰、佳粉15号、佳粉17号等品种。

（2）实施轮作方式。与非茄科蔬菜实行3~4年轮作。

（3）加强田间管理。

①选择地势高燥、排灌方便的地块种植，合理密植。

②合理施用氮肥，增施钾肥。

③加强通风透光，避免植株叶面结露或出现水膜，以减轻发病程度。

（4）培育无病壮苗。育苗土必须严格选用没有种植过茄科作物的土壤，提倡用营养钵、营养袋、穴盘等培育无病壮苗。

五、番茄灰霉病

灰霉病在我国北方菜区是一种为害性很大的病害，主要为害果实，也可以侵害叶片和茎等部位。番茄灰霉病常发生于幼苗期及定植后的茎基部。

1. 发病部位和症状

（1）果实。番茄灰霉病的症状一般先从残留的花瓣、花托等处开始，出现湿润状、灰褐色不定型的病斑，逐渐发展成湿腐，从萼片部向四周发展，可使1/3以上的果实腐烂，病部长出一层鼠灰色茸毛状的霉层，此为病菌的分生孢子梗和分生孢子。一般幼果发病较多，但即将转熟的大果也可受害，且常见整穗果实都发病受害。

（2）叶片。叶片染病多从叶尖或叶缘开始，成灰褐色"V"字形湿润状、灰褐色病斑，可造成叶片湿腐凋萎表面生有灰白色霉层。

（3）茎部。在分枝处或基部，有水渍状、长椭圆形或不定型的长条状、灰褐色病斑，茎部染病发生潮湿时亦长出灰色霉层严重的绕茎1周，病枝折断（图6-11、图6-12）。

图6-11　番茄灰霉病果实染病、番茄灰霉病叶片发病　　　　图6-12　番茄灰霉病茎发病

2.防治方法

（1）最主要的措施是极力搞好棚室内的通风、透光、降湿，但同时还要保持温度不要太低。

（2）其次要加强肥水管理，使植株长势壮旺，防止早衰及各种因素引起的伤口。发现病株、病果应及时清除销毁；收获后彻底清园，翻晒土壤，可减少病菌来源。田间初发现病株、病果应随即摘除。

（3）选喷以下4种药剂防治。50%速克灵可湿性粉剂1 500~2 000倍液；40%多硫悬浮剂400倍液；50%扑海因可湿性粉剂1 000~1500倍液；70%甲基托布津800~1 000倍液等。隔7~10天喷1次，连续喷3~4次。值得一提的是，需将上述药剂轮换使用，以免产生抗药性。

六、番茄青枯病

番茄青枯病是番茄上常见的维管束系统性病害之一，番茄青枯病是一种会导致全株萎蔫的细菌性病害，发病严重时，造成植株青枯死亡，导致严重减产甚至绝收。

1. 发病症状特点

（1）当番茄株高 30cm 左右，青枯病株开始显症。

（2）发病顺序为。一是顶端叶片萎蔫下垂→下部叶片凋萎→中部叶片凋萎；二是一侧叶片萎蔫；三是整株叶片同时萎蔫。

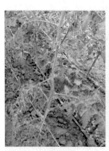 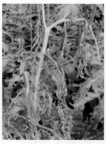 

初期症状　　　　中期症状　　　　后期症状

（3）在发病初期，病株白天萎蔫，傍晚复原，病叶变浅。

（4）病株枯死后，叶片仍保持绿色或稍淡。

（5）病茎表皮粗糙，中下部增生不定根，维管束变为褐色，横切病茎，用手挤压，切面上维管束溢出白色菌液（图 6-13）。

茎中下部增生不定根　　　病茎横切面

图 6-13　番茄青枯病症状

2. 防治方法

（1）抗病品种。

（2）轮作嫁接。可把番茄与非茄科作物葱、蒜、瓜类、十字花科蔬菜或水稻等实行 4~5 年以上轮作，或采用嫁接技术控制。嫁接可用野生番茄 CH-2-26 作砧木。

（3）降低湿度。选择排水良好的无病地块育苗和定植。地势低洼或地下水位高的地区采用高畦种植，开好排水沟，使其雨后能及时将雨水排干。及时中耕除草，降低田间湿度。

（4）中耕除草。番茄苗生长早期，中耕可以深些，以后浅些，到西红柿生长旺盛期，停止中耕同时避免践踏畦面，以防伤根。清除病原。若田间发现病株，应立即拔除烧毁，清洁田园，并在拔除部位撒施生石灰粉或草木灰或在病穴灌注 2% 福尔马林液或 20% 石灰水。

（5）药剂灌根。如用清枯和农用链霉素加生根剂，在使用药剂灌根时，对没发病的番茄可使用上述药剂进行保护性喷雾。已经发病死亡的番茄植株，不能弃置在大棚里，应拿到棚外深埋，同时，对土壤进行消毒。青枯病可以通过流水传播，大水漫灌可使青枯病迅速传播蔓延，因此，有死棵症状发生的大棚要严禁大水漫灌。同时，适当喷施一些植物生长调理剂或叶面肥，可以有效促进番茄植株恢复生长。施肥方面注意少施氮肥，多施有机肥和磷钾肥，以增强植株的抗病力。

七、番茄枯萎病

番茄枯萎病又称萎蔫病、"发瘟"，是一种防治困难的土传维管束病害，常与青枯病并发，多在开花结果期发病，往往在盛果期枯死。

1. 发病症状

（1）局部受害，全株显病。

（2）发病初期，仅植株下部叶片变黄，但多数不脱落，随着病情的发展，病叶自下而上变黄、变褐，除顶端数片完好外，其余均坏死或焦枯。有时病株一侧叶片萎垂，另一侧叶片尚正常。

（3）发病初期，植株中、下部叶片在中午前后萎蔫，早、晚尚可恢复，以后萎蔫症状逐渐加重，叶片自下而上逐渐变黄，不脱落，直至枯死。有时仅在植株一侧发病，另一侧的茎叶生长正常。茎基部接近地面处呈水浸状，高湿时产生粉红色、白色或蓝绿色霉状物。拔出病株，切开病茎基部，可见维管束变为褐色（图6-14）。

图6-14　番茄枯萎病病株、病株茎部纵切

2. 发病因素

（1）连作地，土质黏重、偏酸，土壤中积存的枯萎病菌多的田块。

（2）土壤中有一定量的线虫等地下害虫，病菌从害虫为害的伤口侵入根部为害。

（3）育种子带菌、育苗用的营养土带菌；或有机肥带菌，或有机肥没有充分腐熟，粪蛆为害根部，病菌从伤口侵入而为害。

（4）氮肥施用过多，磷、钾不足的田块。

（5）连阴雨后或大雨过后骤然放晴，气温迅速升高；或时晴时雨、高温闷热天气。

3. 防治方法

（1）移栽前或收获后，清除田间及四周杂草，集中烧毁或沤肥；深翻地灭茬、晒土，促使病残体分解，减少病源和虫源。

（2）育苗的营养土要选用无菌土，用前晒 3 周以上。

（3）轮作倒茬，重病田与十字花科、瓜类及葱蒜类等蔬菜实行 3~5 年轮作．如果种植黄瓜，必须用黑籽南瓜进行嫁接。

（4）选用抗病品种，选用无病、包衣的种子，如未包衣则种子须用拌种剂或浸种剂灭菌。

（5）育苗移栽，播种后用药土覆盖，移栽前喷施 1 次除虫灭菌剂，这是防病的关键。

（6）选用排灌方便的田块，开好排水沟，降低地下水位，达到雨停无积水；大雨过后及时清理沟系，防止湿气滞留，降低田间湿度，这是防病的重要措施。

（7）土壤病菌多或地下害虫严重的田块，在播种前撒施或沟施灭菌杀虫的药土。

（8）施用酵素菌沤制的堆肥或腐熟的有机肥，不用带菌肥料，施用的有机肥不得含有本科作物病残体。

（9）土壤深翻晒，并增施有机肥、磷钾肥，促使作物生长健壮，提高作物抗病能力。

（10）及时防治害虫，减少植株伤口，减少病菌传播途径；发病时及时清除病叶、病株，并带出田外烧毁，病穴施药或生石灰。

（11）嫁接防病，用野生水茄、毒茄或红茄作砧木，栽培茄作接穗，采用劈接法嫁接，确有实效。

八、番茄溃疡病

番茄溃疡病属于细菌性维管束病害，是一种毁灭性病害，严重发病的地块番茄减产达 25%~75%。我国已将其列为检疫对象以防止和控制病害的发生蔓延。高湿、低温（18~24℃）适于病害发展，高温时，病害就会停止发展。

1. 症状和特点

（1）幼苗期。幼苗染病始于叶缘，由外向内逐渐萎蔫，有的病苗在胚轴或叶柄处产生溃疡状凹陷条斑，致病株矮化或枯死。

（2）成株期。早期症状在番茄插架时最易看到。起初下部叶片凋萎下垂，叶片卷缩，似缺水状，植株一侧或部分小叶出现萎蔫，而其余部分生长正常。在病叶叶柄基部下方茎秆上出现褐色条纹，下陷或沿着茎或果柄、叶柄处开裂，形成溃疡斑，造成植株枯死。纵剖病茎可见木质部有黄褐色或红褐色线条，致使木质部易与髓部脱离，后髓部呈黄褐色，粉状干腐，髓部中空，多雨季节有菌脓从茎伤口流出，污染茎部。

（3）花及果柄。形成溃疡斑，果实上病斑圆形，外圈白色，中心褐色，粗糙，似鸟眼状，称鸟眼斑，是此病特有的症状，是识别本病的依据。溃疡病在田间易与晚疫病、病毒病相混淆，应注意从茎秆、叶片、果实上的症状予以区别（图6-15）。

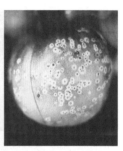

图6-15　番茄溃疡病叶片染病、茎部染病、果实染病

2. 防治方法

（1）加强检疫，严防病区的种子、种苗或病果传播病害。

（2）引进商品种子在播前要做好种子消毒处理，可用55℃温汤浸种25分钟后移入冷水中冷却，捞出晾干后催芽播种。

（3）选用新苗床育苗，如用旧苗床，需每平方米苗床用40%甲醛30mL喷洒，盖膜4~5天后揭膜，晾15天后播种。

（4）清洁田园与轮作。发病初期及时整枝打杈，摘除病叶、老叶，收获后清洁田园，清除病残体，并带出田外深埋或烧毁；与非茄科蔬菜实行3年以上的轮作，以减少田间病菌数量。

（5）土壤消毒。每亩47%加瑞农可湿性粉剂200~300g，在移栽前2~3天或者盖地膜前地面喷雾消毒，每亩用水量60~100kg水，对病害起到很好地预防作用。

（6）生物方法。对严重病株及病株周围2~3m内区域植株进行小区域灌根，连灌 2 次，2 次间隔 1 天。

九、番茄脐腐病

番茄脐腐病，又称蒂腐病，是番茄上常见的病害之一。保护地、露地均有发生，但保护地重于露地。沿海（江）的沙壤土地区和干旱年份为害严重。发病严重时，常造成果实黑斑、腐烂，直接影响产量和品质。

1. 症状表现

该病一般发生在果实长至核桃大时。最初表现为脐部出现水浸状病斑，后逐渐扩大，致使果实顶部凹陷、变褐；病斑通常直径 1~2cm，严重时，扩展到小半个果实。在干燥时病部为革质，遇到潮湿条件，表面生出各种霉层，常为白色、粉红色及黑色。这些霉层均为腐生真菌，而不是该病的病原。发病的果实多发生在第一、第二穗果实上，这些果实往往长不大，发硬，提早变红（图 6-16）。

图 6-16　番茄脐腐病晚期症状、中期症状、早期症状

2. 致病规律

此病是由水分供应失调、缺钙、缺硼等原因导致的生理性病害。一般在第一果穗坐果之后，植株处于生育旺盛阶段。遇干旱，特别是大棚栽培的，为预防灰霉病或菌核病的发生，采取降湿栽培措施，当叶片蒸腾需消耗大量水分，导致果实，特别是脐部的水分被叶片夺走时，造成果实内部水分失调，果实的生长发育受阻，形成脐腐。也因偏施氮肥，造成植株氮营养过剩，植株生长过旺，使番茄不能从土壤中吸收足够的钙和硼，致使脐部细胞生理紊乱，失去控制水分的能力而引起脐腐病的。有时沿江的沙壤土，因土壤含盐量较高，也易引发缺钙的生理障碍，一般在土壤中硼的含量低于 0.5mL/L，或果实中钙的含量若低于 0.2%，均易引发脐腐病的发生。

此病喜高温、干旱环境。番茄的感病生育期是坐果后 1 个月。

偏施氮肥、土壤有机质少、土壤干燥、土壤含盐量高的田块发病重。年度间番茄开花结果期高干旱天气多的年份为害重。

3. 防治方法

（1）浇足定植水，保证花期及结果初期有足够的水分供应。在果实膨大后，应注意适当给水。

（2）育苗或定植时要将长势相同的放在一起，以防个别植株过大而缺水，引起脐腐病。

（3）选用抗病品种。番茄果皮光滑、果实较尖的品种较抗病，在易发生脐腐病的地区可选用。

（4）地膜覆盖可保持土壤水分相对稳定，能减少土壤中钙质养分淋失。

（5）使用遮阳网覆盖，减少植株水分过分的蒸腾，也对防治此病有利。

（6）采用根外追施钙肥技术。番茄及甜（辣）椒结果后 1 个月内，是吸收钙的关键时期。可喷洒 1% 的过磷酸钙，或 0.5% 氯化钙加 5mg/kg 萘乙酸、0.1% 硝酸钙及爱多收 6 000 倍液，或绿芬威 3 号 1 000~1 500 倍液。从初花期开始，隔 10~15 天，喷施 1 次，连续喷洒 2~3 次。使用氯化钙及硝酸钙时，不可与含硫的农药及磷酸盐（如磷酸二氢钾）混用，以免产生沉淀。

十、番茄畸形果

番茄畸形果是番茄常见的病害之一，保护地、露地栽培均可为害，但保护地栽培重于露地栽培。果实产生畸形后，使果实降低或失去商品价值。

1. 病害症状

番茄在低温，光照不足，肥水管理不善，植物生长刺激素使用不当时，致根冠比失调。花器和果买不能充分发育，出现尖顶、畸形；或养分过多集中输送到正在分化的花芽中，致花芽细胞分裂过旺，心皮数日增多，从而形成多心室的畸形果（图 6-17）。

2. 发病规律

番茄果实能否发育成正常果，主要取决于花芽分化的质量。通常番茄发芽后 25~30 天，2~3 片真叶时，第一序花开始分化。35~40 天第二序花开始分化，60 天第三序花也开始分化，这时幼苗长 7~8 片真叶，已现蕾或开花。上述过程在育苗期完成，当幼苗期 1~3 花序形成时遇低温、水分充足、氮肥多，致花芽过度分化，形成多心皮畸形花，果实则呈桃形、瘤形或指形等；如苗龄拉长，低温或干旱持续时间长，幼苗处在抑制生长条件下，花器易木栓化，后转入适宜条

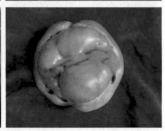

图6-17　番茄畸形果

件，木栓化组织不能适应内部组织的迅速生长，则形成裂果、疤果或杆外露果实：因此，冬春低温多雨年份畸形果较多，晚春或夏秋则较少。

3. 防治方法

（1）选用不易产生畸形果的品种，发生畸形果后要及时摘除，以利正常花果的发育。

（2）做好光温调控，培育抗逆力强的壮苗。提倡采用电热线快速育苗；苗床要光照充足并适时适量通风，幼苗破心后，直控制昼温20~25℃，夜温3~17℃，以利花芽分化，育出节间短60天左右的适龄壮苗。

（3）加强肥水管理，防止植株徒长。采用配方施肥，满足植株生长发育所需的营养条件，避免偏施氮肥，防止分化出多心皮及形成带状扁形花。

（4）合理使用生长调节剂。幼苗出现徒长时，勿过分采用降温或干旱控苗措施，而应在加强通风、适当控湿的基础上，喷施85%比久（B9）可溶性粉剂2 000mg/kg控制徒长，这样既可提高幼苗质量，又不影响花芽分化。

十一、番茄裂果病

番茄裂果病是一种常见的为害番茄果实的生理性病害，容易发生在果实的转色期。保护地、露地栽培均可为害，果实产生裂痕后，使果实降低或失去商品价值。

1. 分类

根据发生的部位和形态，可分为3种。

一是放射状裂果，它以果蒂为中心呈放射状，一般裂口较深；

二是环状裂果，以果蒂为圆心，呈环状浅裂；

三是条状裂果，即在果顶部位呈不规则的条状裂口。裂果发生以后，果实品质下降，病菌易侵入，以致腐烂（图6-18）。

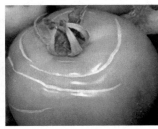

图6-18 番茄裂果病－放射状裂果、环状裂果、条状裂果

2. 产生原因

一是由于畸形花所致；

二是由于在果实发育后期或转色期遇到强光照射，高温干旱，特别是久旱后灌大水，容易导致果皮生长与果肉组织的膨大速度不同步，膨压增大而出现裂果；

三是使用植物生长调节剂不当，使用时浓度过大，水肥跟不上，引起生理失调而产生裂果；

四是摘心过早，造成养分集中供应到果实而造成裂果。

3. 发生特点

从栽培类型来说，夏天露地栽培的番茄和秋季塑料薄膜温室栽培的番茄裂果发生较多。高温干燥时期也易发生。果实发育后期或转色期遇夏季高温、烈日、干旱和暴雨等天气（特别是阵雨和暴雨），果皮生长和果肉组织膨大不一致时，膨压增大，出现裂果。冬季寒冷，保护地栽培棚室内昼夜温差太大，亦可导致裂果。番茄裂果还与品种特性有关。

番茄的感病生育期是果实发育后至转色期。偏施氮肥、土壤忽干忽湿、雨后积水、整株摘叶过度、温度调控不当等的田块发生严重。年度间夏季高温、烈日、干旱和暴雨等天气多的年份发病重。

4. 防治方法

（1）选择抗裂品种，一般选择果皮厚的中小型品种。

（2）育苗期，特别是花芽分化期温度不要过高或者过低，白天温度保持在2~4℃，夜间温度保持在15~17℃，夜温不能长期低于8℃。

（3）防止强光直射在果皮上。在秋延晚和春提早栽培后期时，不要过早打掉底部叶，可起到为果实遮阴作用。

（4）防止土壤过干或过湿，保持土壤相对湿度在80%左右。

（5）增施有机肥和质量好的生物肥，改善土壤结构，为根系的生长提供良好的环境。叶面应经常补充钙、硼等微量元素。

（6）正确使用植物生长调节剂，在使用激素喷花时，浓度不易过大，要针对品种、温度合理确定使用浓度。

（7）整枝打杈要适度，保持植株有茂盛的叶片，加强植株体内多余水分的蒸腾，避免养分集中供应果实造成裂果。

十二、番茄2，4-D药害

近年来，大棚番茄2，4-D药害导致的畸形果数量越来越多，严重影响了番茄的产量、品质，必须重视防治番茄2，4-D药害。

1. 发生症状

2，4-D是一种植物生长调节剂，低浓度的2，4-D能刺激植物生长，可用于防止落花落果，且能提高坐果率，促进果实生长，提早成熟，从而达到高产高效的目的。但施用过量2，4-D，或附近施用2，4-D飘移为害、施用含有2，4-D的农药化肥等，番茄就会产生2，4-D药害。

具体症状为：受害番茄叶片或生长点向下弯曲，新生叶不能正常展开，且多、细长，叶缘扭曲成畸形，茎蔓凸起，颜色变浅，果实畸形（图6-19、图6-20）。

2. 防治方法

2，4-D常用来处理花朵，因此，大棚番茄防治2，4-D药害的关键时期为开花授粉期。其具体措施如下。

图 6-19　番茄 2，4-D 药害病株

图 6-20　番茄 2，4-D 药害株病果形态

（1）适时处理。开花当天用 2，4-D 沾花，在刚开花或半开花时沾花最好。未开花时不能处理，否则，将抑制其生长易形成僵果；开过的花也不能处理，否则，易形成裂果。若气温低，花数少，每隔 2~3 天沾 1 次：盛花期每天或隔天沾 1 次。

（2）浓度适当。若 2，4-D 使用浓度过低时保花效果不明显，浓度过高易导致僵果和畸形果。2，4-D 在番茄上的使用浓度一般为 10~20mg/kg，应根据棚内温度、湿度的变化配制对应浓度。温度低、湿度大则加大浓度，冬春温度低时，浓度为 15~20mg/kg：温度高、湿度小则降低浓度，为 10~15mg/kg。沾花前可先做小片试验，再做大面积处理。

（3）处理方式。

① 用 2，4-D 处理花朵时采用浸沾法较好，浸花的浓度应比涂花的浓度（10~20mg/kg）稍低些。浸沾法是把基本开放的花序（已开放 3~4 朵花）放入盛有药液的容器中，浸没花柄后，立即取出，并将留在花上的多余药液在容器口刮掉，以防畸形果或裂果的发生。

② 防止重复沾花：每朵花只可处理 1 次，重复处理易造成浓度过高，从而导致僵果和畸形果。在配制药液时，加入少量红色广告粉做标记可避免重复

沾花。

③ 免在炎热中午沾花：在强光、高温下，番茄植株耐药力弱，药剂活性增强，易产生药害。一般在上午 10：00 前和下午 16：00 后沾花最好。

④ 2，4-D 是一种对双子叶植物有效的除草剂，在操作时，严禁喷洒，要避免触碰嫩茎叶和生长点，以免发生药害，使叶片皱缩变小。若棚室花数量大，可改用防落素 25~40mg/kg 喷花。

（4）加强肥水管理。2，4-D 只是一种植物生长调节剂，本身不是营养物质，因此，必须结合肥水管理，以供给果实生长发育所需的养分。必要时，可喷洒植物增产调节剂或叶面肥，以利植株尽快恢复正常生长。

十三、番茄果实筋腐病

番茄筋腐病，是一种类似番茄病毒病的免疫性生理病害，多在转色期发现，变现为果实僵果不转色，剥开表皮可看到发黑的筋。

1. 症状

番茄筋腐病，俗称"黑筋""乌心果"。主要发生在果实膨大至成熟期。果实受害，前期病果外形完好，隐约可见表皮下组织部分呈暗褐色，渐有自果蒂向果脐的条状灰色污斑，严重时，呈云雾状，后期病部颜色加深，病健部界限明显，果实横切可见到维管束变褐，细胞坏死，严重时果肉褐色，木栓化，纵切可见白果柄向果脐有一道道黑筋，部分果实形成空洞。病果与病毒病易混淆。其区别是筋腐病病果病部表皮不变色，病害由果内向外发展，病毒病病果病部表皮变褐色，由外向内发展，果肉变褐色（图6-21）。

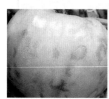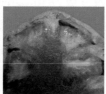

图6-21　番茄筋腐病

2. 发病特点

病害发生是由于土壤中氮肥过多，氮、磷、钾比例失调，土壤含水量高，施用未腐熟的人粪尿，光照不足，温度偏低，二氧化碳量不足，新陈代谢失常，维管束木质化而诱发筋腐病发生。植株结果期间低温光照差，植株对养分吸收能力差，影响光合产物积累，易发生筋腐病。土壤板结，通透性差，妨碍根系吸收养分和水分，筋腐病重。另外，冬天气温较高，昼夜温差小也易诱导筋腐病。一般情况下，叶量大，生长势强的品种，病轻或不发病。

3. 防治方法

（1）番茄抗筋腐病品种的选择。可选迪丽雅、欧缇丽、萨顿、粉迪等抗病品种，在全国大面积推广，未发现过筋腐病。

（2）合理施肥。不要用大量的氮肥，保持施肥的平衡性，施用充分腐熟的有机肥，配方追肥，重病地块减少氮肥用量。生长前期喷施多元微肥，每隔15天1次，连续喷2~3次，在开花前喷含高磷高硼叶面肥，坐果后喷钾钙叶面肥每隔15天1次，连续喷2~3次。

（3）科学浇水。浇水次数不要过多，每次灌水量不宜过大，每穗果浇1次水即可。

十四、辣（甜）椒病毒病

辣（甜）椒病毒病是影响我国辣（甜）椒生产的主要病害，世界分布广泛。在美国、印度、日本、意大利、加拿大、匈牙利等国家和地区，辣（甜）椒病毒病的发生，常给辣（甜）椒的生产造成严重的为害和损失。

1. 类型

（1）花叶坏死型。病叶呈现明显的浓绿与浅绿或黄绿相间的花叶症状，部分品种叶片出现坏死斑，引起落叶、落花、落果，严重时，整株死亡。

（2）叶片畸形和丛簇形。发病期间叶片褪绿，出现斑驳、花叶、叶片皱缩，凸凹不平，变小、变窄，呈线状，茎节间缩短，有时叶片丛生呈簇状，植株矮化，果实现深绿与浅绿相间的花斑，果小，变畸形，易落花、落果、落叶。

2. 常见的发病症状

（1）花叶型。典型症状是病叶、病果出现不规则退绿、浓绿与淡绿相间的斑驳，植株生长无明显异常，但严重时病部除斑驳外，病叶和病果畸形皱缩，叶明脉，植株生长缓慢或矮化，结小果，果难以转红或只局部转红，僵化。

（2）黄化型。病叶变黄，严重时，植株上部叶片全变黄色，形成上黄下绿，植株矮化并伴有明显的落叶。

（3）坏死型。包括顶枯、斑驳环死和条纹状坏死。顶枯指植株枝杈顶端幼嫩部分变褐坏死，而其余部分症状不明显；斑驳坏死可在叶片和果实上发生，病斑红褐色或深褐色，不规则形，有时穿孔 或发展成黄褐色大斑，病斑周围有一深绿色的环，叶片迅速黄化脱落；条纹状坏死主要表现在枝条上，病斑红褐色，沿枝条上下扩展，得病部分落叶、落花、落果，严重时，整株枯干。

图 6-22　辣（甜）椒病毒病－花叶型；
辣（甜）椒病毒病－黄化型

（4）畸形型。叶片畸形或丛簇型开始时植株心叶叶脉褪绿，逐渐形成深浅不均的斑驳、叶面皱缩、以后病叶增厚，产生黄绿相间的斑驳或大型黄褐色坏死斑，叶缘向上卷曲。幼叶狭窄、严重时，呈线状，后期植株上部节间短缩呈丛簇状。重病果果面有绿色不均的花斑和疣状突起（图6-22、图6-23）。

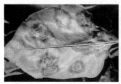

图 6-23　辣（甜）椒病毒病－坏死型；
辣（甜）椒病毒病－畸形型

3. 防治方法

（1）栽培防病。在辣椒定植后，开花结果初期，采取每隔4行种植1行玉米的间作方式。因为玉米植株高大，可起到诱蚜的作用，另外，在辣椒盛果期正值炎热夏季，高大的玉米植株还可使辣椒免受烈日的暴晒。

（2）选用抗病品种。一般早熟、有辣味的品种较晚熟、无辣味的品种抗病，如常种品种津椒3号、甜杂1号2号、农大40、中椒2号3号等。

（3）种子消毒。种子用清水浸泡3~4小时，放入10%磷酸钠中浸20~30分钟，再用清水冲洗，或用0.1%高锰酸钾浸泡30分钟，再用水冲洗，或干热处理，80℃处理24小时，70℃处理72小时。

（4）加强田间管理。适期早播，不要连作，多施磷、钾肥，勿偏施氮肥。清洁田园，减少菌源，将前茬作物带出田间，集中处理，挖坑深埋。

（5）减少污染机会。病毒病多由于蚜虫传播农事操作传播，可采用诱杀蚜虫法防治。

（6）培育壮苗。辣椒与番茄同属茄科，苗期生理大同小异，关键是要有健壮的苗相。辣椒健壮苗相在定植时应达到：一是苗龄不宜过长，应控制在70~80天；二是定植苗株高与植株横径相近，控制在10~15cm，具5~6片真叶；三是株高10~15cm时，茎基部直径应达0.5~0.6cm；四是叶片宽、厚、平、绿，茎尖嫩壮；五是幼小根系发达白嫩。

（7）网纱覆盖育苗。早春育苗的辣椒苗龄需70~80天，夏秋育苗者也要经过60天左右的育苗期。在这段时期内，CMV的侵染机会很多，如果早春育苗播种后，先在拱架上覆盖一层40~45筛目的白色纱网，再用塑料膜覆盖增温可起到很好的防病毒侵染效果。白色纱网：一来可以防止蚜虫接触幼苗；二来白色本身又可驱避蚜虫。同时，有纱网阻隔，也可减少其他接触幼苗传染病毒的可能性。

十五、辣（甜）椒疫病

1. 侵染规律

辣（甜）椒疫病主要为害叶片、果实和茎，特别是茎基部最易发生。幼苗期发病，多从茎基部开始染病，病部出现水渍状软腐，病斑暗绿色，病部以上倒伏。成株染病，叶片上出现暗绿色圆形病斑，边缘不明显，潮湿时，病斑扩展迅速，其上可出现白色霉状物，叶片大部软腐，易脱落，干后成淡褐色。茎部染病，出现暗褐色条状病斑，边缘不明显，条斑以上枝叶枯萎，病斑呈褐色软腐，潮湿时斑上出现白色霉层。果实染病，病斑呈水渍状暗绿色软腐，边缘不明显，潮湿时，病部扩展迅速，可全果软腐，果上密生灰绿色霉状物，干燥后变淡褐色枯干（图6-24）。

图6-24　辣（甜）椒疫病

2. 病原

辣（甜）椒疫病是由辣（甜）椒疫霉真菌侵染所致。病菌以卵孢子在土壤中或病残体中越冬，借风、雨、灌水及其他农事活动传播。发病后可产生新的孢子囊，形成游动孢子进行再侵染。病菌生育温度范围为10~37℃，最适温度20~30℃，空气相对湿度达90%以上时发病迅速。重茬、低洼地、排水不良，氮肥使用偏多、密度过大、植株衰弱均有利于该病的发生和蔓延。

3. 防治方法

防治辣（甜）椒疫病，必须"认真执行"以防为主、综合防治"的植保方针，全面搞好农业、生态、化学等防治措施。

（1）实行轮作、深翻改土，结合深翻，土壤喷施"免深耕"调理剂，增施有机肥料、磷钾肥和微肥，适量施用氮肥，改善土壤结构，提高保肥保水性能，促进根系发达，植株健壮。

（2）选用抗病品种，种子用 10% 磷酸三钠或 200 倍多菌灵药液严格消毒，培育无菌壮苗；定植前 7 天和当天，分别细致喷洒 2 次杀菌杀虫剂，做到净苗入室，减少病害发生。

（3）栽植前实行火烧土壤、高温闷室，铲除室内残留病菌，栽植以后，严格实行封闭型管理，防止外来病菌侵入和互相传播病害。

（4）结合根外追肥和防治其他病虫害，每 10~15 天喷施 1 次 600~1 000 倍液"天达 –2116"，连续喷洒 4~6 次，提高辣（甜）椒植株自身的适应性和抗逆性，提高光合效率，促进植株健壮。

（5）增施二氧化碳气肥，搞好肥水管理，调控好植株营养生长与生殖生长的关系，促进植株长势健壮，提高营养水平，增强抗病能力。

（6）全面覆盖地膜，加强通气，调节好温室的温度与空气相对湿度，使温度白天维持在 25~30℃，夜晚维持在 14~18℃，空气相对湿度控制在 70% 以下，以利于辣（甜）椒正常的生长发育，不利于病害的侵染发展，达到防治病害之目的。

（7）注意观察，发现少量病株立即拔除深埋，轻微病株，立即用 200 倍 70% 代森锰锌药液涂抹病斑，铲除病原。

（8）在化学防治上，定植前要搞好土壤消毒，结合翻耕，杀灭土壤中残留病菌。

定植后，每 10~15 天喷洒 1 次 1：1：200 倍等量式波尔多液，进行保护，防止发病（注意！喷药时要细致周密，并要全面喷洒地面）。

如果已经开始发病可选用以下药剂：72.2% 普力克 800 倍液，72% 克露 700~800 倍液；70% 甲霜灵锰锌或 70% 乙膦铝锰锌 500 倍液，25% 瑞毒霉 600 倍 +85% 乙膦铝 500 倍液，64% 杀毒矾 500 倍 +85% 乙膦铝 500 倍液，天达裕丰 1 000 倍液，70% 新万生或大生的 600 倍液，特立克 600~800 倍液，70% 代森锰锌 500 倍 +85% 乙膦铝 500 倍液，75% 百菌清 800 倍液。以上药液交替喷洒，每 5 天 1 次，连续喷洒 2~3 次将病害扑灭。阴雨天气改用百菌清粉尘剂喷粉，或克露烟雾剂熏烟防治。

十六、辣（甜）椒炭疽病

辣椒炭疽病主要为害将近成熟的辣椒果实，染病果实。炭疽病是辣椒上的常发病害，特别在高温季节，果实受灼伤，极易并发炭疽病使果实完全失去商品价值。

辣（甜）椒炭疽病主要为害果实和叶片，也可侵染茎部。果腐刺盘孢的分生孢子盘刚毛较少，分生孢子圆筒形，无色，单胞，大小为（19~29）μm×（4~6）μm。也可先将种子在冷水中浸10~12小时，再用1%硫酸铜浸种5分钟，或用50%多菌灵可湿性粉剂500倍液浸1小时，捞出后用草木灰或少量石灰中和酸性，再进行播种。

1. 主要症状

果实染病，先出现湿润状、褐色椭圆形或不规则形病斑，稍凹陷，斑面出现明显环纹状的橙红色小粒点，后转变为黑色小点，此为病菌的分生孢子盘。天气潮湿时溢出淡粉红色的粒状黏稠状物，此为病菌的分生孢子团。天气干燥时，病部干缩变薄成纸状且易破裂。

叶片染病多发生在老熟叶片上，产生近圆形的褐色病斑，亦产生轮状排列的黑色小粒点，严重时，可引致落叶。茎和果梗染病，出现不规则短条形凹陷的褐色病斑，干燥时表皮易破裂（图6-25、图6-26）。

2. 发生规律

辣（甜）椒炭疽病是因半知菌亚门、刺盘孢属真菌侵染所致。病菌以分生孢子附于种子表面或以菌丝潜伏在种子内越冬，播种带菌种子便能引起幼苗发病；病菌还能以菌丝或分生孢子盘随病残体在土壤中越冬，成为下一季发

图6-25　辣椒炭疽病病叶症状

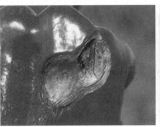

图6-26　辣椒炭疽病病果症状

病的初侵染菌源。越冬后长出的分生孢子通过风雨溅散、昆虫或淋水而传播，条件适宜时分生孢子萌发长出芽管，从寄主表皮的伤口侵入。初侵染发病后又长出大量新的分生孢子，传播后可频频进行再侵染。

病菌喜高温、高湿环境，发病最适宜气候条件为温度 25~30℃，相对湿度 85% 以上。浙江及长江中下游地区辣（甜）椒疫病的主要发病盛期为 5—9 月。辣（甜）椒感病生育期在结果中后期。

种植密度大、地势低洼、排水不良、施肥不当、氮肥过多、棚内高温多湿、通风不良的田块发病重；年度间梅雨期间高温多雨、夏季高温多雨的年份发病重。

3. 发病条件

病菌发育温度范围为 12~33℃，高温高湿有利于此病发生。如平均气温 26~28℃，相对湿度大于 95% 时，最适宜发病和侵染，空气相对湿度在 70% 以下时，难以发病。病菌侵入后 3 天就可以发病。地势低洼、土质黏重、排水不良、种植过密通透性差、施肥不足或氮肥过多、管理粗放引起表面伤口，或因叶斑病落叶多，果实受烈日暴晒等情况，都易于诱发此病害，都会加重病害的侵染与流行。

4. 防治方法

（1）从无病果留种，减少初侵染菌源。若种子有带菌可疑，可用 50% 多菌灵可湿性粉剂 500 倍液浸种 1 小时，冲洗干净后催芽播种。

（2）清除病残体。收后播前翻晒土壤，施足优质有机基肥，高畦深沟种植便于浇灌和排水降低畦面湿度，适当增施磷钾肥，田间发现病果随即摘除带出田外销毁。

（3）种植抗病品种。开发利用抗病资源，培育抗病高产的新品种。一般辣味强的品种较抗病，可因地制宜选用。

（4）选用无菌种子及种子处理。从无病果实采收种子，作为播种材料。如种子有带菌嫌疑，可用 55℃温水浸种 10 分钟，进行种子处理。或用凉水预浸 1~2 小时，然后用 55℃温水浸 10 分钟，再放入冷水中冷却后催芽播种。也可先将种子在冷水中浸 10~12 小时，再用 1% 硫酸铜浸种 5 分钟，或用 50% 多菌灵可湿性粉剂 500 倍液浸 1 小时，捞出后用草木灰或少量石灰中和酸性，再进行播种。

（5）加强栽培管理。合理密植，使辣椒封行后行间不郁蔽，果实不暴露；避免连作，发病严重地区应与瓜类和豆类蔬菜轮作 2~3 年；适当增施磷、钾肥，促使植株生长健壮，提高抗病力；低湿地种植要做好开沟排水工作，防止田间积水，以减轻发病；及时采果，辣椒炭疽病菌为弱寄生菌，成熟衰老的、受伤的果实易发病，及时采果可避病。

（6）清洁田园。果实采收后，清除田间遗留的病果及病残体，集中烧毁或深埋，并进行1次深耕，将表层带菌土壤翻至深层，促使病菌死亡。可减少初侵染源、控制病害的流行。

十七、辣（甜）椒灰霉病

辣（甜）椒灰霉病是一种辣椒常见疾病，对辣椒生长影响极大，排水不良、偏施氮肥田块易发病。

1. 主要症状

苗期为害叶、茎、顶芽，发病初子叶先端变黄，后扩展到幼茎，缢缩变细，常自病部折倒而死。成株期为害叶、花、果实。叶片受害多从叶尖开始，初成淡黄褐色病斑，逐渐向上扩展成"V"形病斑。茎部发病产生水渍状病斑，病部以上枯死。花器受害，花瓣萎蔫。果实被害，多从幼果与花瓣粘连处开始，呈水渍状病斑，扩展后引起全果褐斑。病健交界明显，病部有灰褐色霉层（图6-27至图6-29）。

图6-27　辣（甜）椒灰霉病果实染病症状

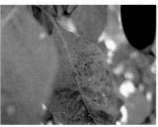

图6-28　辣（甜）椒灰霉病叶片染病症状

图6-29　辣（甜）椒灰霉病茎部染病症状

2. 主要为害

辣椒幼苗，叶、茎、枝、花器均可染灰霉病。幼苗染病，子叶先端先变黄，后扩展到幼茎，致茎溢缩变细，由病部折断而枯死；叶片染病，病部腐烂，或长出灰色霉状物，严重时上部叶片全部烂掉，仅余下半截子茎。成株染病，茎上初生水浸状不规则斑，后变灰白色或褐色，病斑绕茎 1 周，其上端枝叶萎蔫枯死，病部表面生灰白色霉状物；枝条染病亦呈褐色或灰白色，具灰霉，病枝向下蔓延至分权处；花器染病，花瓣呈褐色，水浸状上密生灰色霉层。

3. 发病条件

灰霉病病菌发生的适温 20~23℃，大棚栽培在 12 月至翌年 5 月为害，冬春低温，多阴雨天气，棚内相对湿度 90% 以上，灰霉病发生早且病情严重，排水不良、偏施氮肥田块易发病。

发病规律：病菌以菌核遗留在土壤中，或以菌丝、分生孢子在病残体上越冬，在田间借助气流、雨水及农事操作传播蔓延。病菌较喜低温、高湿、弱光条件。棚室内春季连阴天，气温低，湿度大时易发病。光照充足对该病蔓延有抑制作用。

4. 防治方法

（1）雨后及时排除积水，棚内合理通风降温。

（2）及时清除病叶、病株、病果，带出棚外集中深埋或烧毁；重施腐熟的优质有机肥，增施磷钾肥，适时喷施新高脂膜，提高植株抗病能力，适当控制浇水，有条件的可采用滴灌技术，禁止大水漫灌。

（3）预防方案。（霉止）30~50mL+（沃丰素）25mL+ 大蒜油 15mL 对水 15kg，定期喷雾。

治疗方案。发病初期：（霉止）50~70mL+ 大蒜油 15mL+（沃丰素）25mL 对水 15kg 连喷 2~3 次，3 天喷施 1 次，控制后改为预防。发病中后期：（霉止）70~100mL+ 大蒜油 15mL+（沃丰素）25mL 对水 15kg 连喷 2~3 次，7 天喷施 1 次，控制后改为预防。

（4）护地栽培时，应采用高畦栽培，并覆盖地膜，以提高地温，降低湿度。作好棚室温、湿度调控工作，上午保持较高温度，使棚室薄膜内侧露水雾化，下午延长放风时间，加大放风量，夜间要适当提高温度，减轻或避免叶面结露。发病初期适当控水。

十八、辣（甜）椒软腐病

辣椒软腐病是一种主要为害果实的疾病。病果初生水浸状暗绿色斑，后变褐软腐，具恶臭味，内部果肉腐烂，果皮变白，整个果实失水后干缩，挂在枝蔓上，稍遇外力即脱落。

1. 病原

该病致病菌为胡萝卜软腐欧氏菌，胡萝卜软腐致病型，属细菌。生育最适温度 25~30℃，最高 40℃，最低 2℃，致死温度 50℃经 10 分钟，适宜 pH 值 5.3~9.3，最适 pH 值 7.3。除侵染茄科蔬菜外，还可侵染十字花科蔬菜及葱类、芹菜、胡萝卜、莴苣等。

2. 发病原因

通过灌溉水或雨水飞溅使病菌从伤口侵入，又可通过烟青虫及风雨传播。田间低洼易涝，钻蛀性害虫多或连阴雨天气多、湿度大易流行。

3. 防治方法

（1）实行与非茄科及十字花科蔬菜进行 2 年以上轮作。

（2）及时清洁田园，尤其要把病果清除带出田外烧毁或深埋。

（3）培育壮苗，适时定植，合理密植。雨季及时排水，尤其下水头不要积水。

（4）保护地栽培要加强放风，防止棚内湿度过高。

（5）及时喷洒杀虫剂防治烟青虫等蛀果害虫。加强对棉铃虫等蛀果害虫的防治，蛀果害虫会在果实上造成伤口，引发病害。可用 5% 功夫乳油 5 000 倍液，或 20% 多灭威 2 000~2500 倍液，或 4.5% 高效氯氰菊酯 3 000~3 500 倍液。

（6）杀菌农药防治，雨前雨后及时喷洒 72% 农用硫酸链霉素可溶性粉剂 4 000 倍液，或嘧啶核苷类抗生素 1 000 倍液、50% 琥胶肥酸铜可湿性粉剂 500 倍液、77% 可杀得 101 可湿性微粒粉剂 500 倍液、38% 恶霜菌酯水剂 800 倍液。

十九、辣椒疮痂病

1. 症状

辣椒疮痂病又名细菌性斑点病，主要为害叶片、茎蔓、果实；叶片染病后

图 6-30　辣椒疮痂病叶片染病

初期出现许多圆形或不规则状的黑绿色至黄褐色斑点，有时出现轮纹，叶背面稍隆起，水泡状，正面稍有内凹；茎蔓染病后病斑呈不规则条斑或斑块；果实染病后出现圆形或长圆形墨绿色病斑，直径 0.5cm 左右，边缘略隆起，表面粗糙，引起烂果（图 6-30）。

2. 病原

该致病菌为野油菜黄单胞辣椒斑点病致病型。属细菌，菌体杆状，两端钝圆，具极生单鞭毛，能游动。菌体排列链状，有荚膜，革兰氏阴性，好气。

3. 发生规律

病原细菌主要在种子表面越冬，也可随病残体在田间越冬。旺长期易发生，病菌从叶片上的气孔侵入，潜育期 3~5 天；在潮湿情况下，病斑上产生的灰白色菌脓借雨水飞溅及昆虫作近距离传播。发病适温 27~30℃，高温高湿条件时病害发生严重，多发生于 7—8 月，尤其在暴风雨过后，容易形成发病高峰。高湿持续时间长，叶面结露对该病发生和流行至关重要。

4. 防治措施

（1）合理轮作，露地辣椒可与葱蒜、水稻或大豆实行 2~3 年轮作；应选用排水良好的沙壤土，移栽前大田应浇足底水，施足底肥，并对地表喷施消毒药剂加新高脂膜对土壤进行消毒处理。

（2）播种前可用 55℃温水加新高脂膜浸种 15 分钟后移入冷水中冷却，后催芽播种。加强苗期管理，适期定植，促早发根，合理密植，移栽后应喷施新高脂膜防止地表水分不蒸发，苗体水分不蒸腾，缩短缓苗期，使辣椒苗壮成长。

（3）加强田间管理，应及时深翻土壤，加强松土、浇水、追肥，促进根系发育，提高植株抗病力，并注意氮、磷、钾肥的合理搭配；同时，在辣椒生长期喷施辣椒壮蒂灵提高授粉质量，果蒂增粗，防止落叶、落花、落果，使辣椒着色早、辣味香浓。

二十、甜（辣）椒日灼病

1. 病害症状

日灼是强光照射引起的生理病害，主要发生在果实向阳面上。发病初期被太阳晒成灰白色或浅白色革质状，病部表面变薄，组织坏死发硬；后期腐生菌侵染，长出灰黑色霉层而腐烂（图6-31）。

图6-31　甜（辣）椒日灼病

2. 发病规律

甜椒日灼属生理性病害。日灼主要是果实局部受热，灼伤表皮细胞引起，一般叶片遮阴不好，土壤缺水或天气干热过度、雨后曝热，均易引致此病。当植株前期土壤水分充足，但在植株进入生长旺盛时水分骤然缺乏，原来供给果实的水分被叶片夺取，致使果实突然大量失水，引起组织坏死而形成脐腐；也有认为是植株不能从土壤中吸取足够的钙素，致脐部细胞生理紊乱，失去控制水分的能力而发病。此外，土壤中氮肥过多，营养生长旺盛，果实不能及时补充钙也会发病。经测定若含钙量在0.2%以下易发病。

3. 防治方法

（1）用地膜覆盖可保持土壤水分相对稳定，并能减少土壤中钙质等养分的淋失。

（2）栽培上要掌握适时灌水，尤应在结果后及时均匀浇水防止高温为害，浇水应在9:00—12:00时进行。

（3）选用抗日灼品种，如冀椒1号。

（4）双株合理密植，使叶片互相遮阴，或与高秆作物间作，避免果实暴露在阳光下。

（5）根外追肥，在着果后喷洒1%过磷酸钙，或0.1%氯化钙，或0.1%硝酸钙等，隔5~10天1次，连续防治2~3次。

（6）及时防治三落病，避免早期落叶，以减少本病的发生和为害。

（7）用遮阳网覆盖。

二十一、茄子黄萎病

茄子黄萎病又称半边疯、黑心病、凋萎病，是为害茄子的重要病害。茄子苗期即可染病，田间多在坐果后表现症状。此病对茄子生产为害极大，发病严重年份绝收或毁种。

1. 症状特征

（1）自下向上发展。

（2）病株初中午发病，早晚恢复。

（3）剖视病茎，维管束变褐。

（4）病害多在门茄坐果后开始发生。

2. 病症发展规律

植株半边下部叶片近叶柄的叶缘部及叶脉间发黄，渐渐发展为半边叶或整叶变黄，叶缘稍向上卷曲，有时病斑仅限于半边叶片，引起叶片歪曲。晴天高温，病株萎蔫，夜晚或阴雨天可恢复，病情急剧发展时，往往全叶黄萎，变褐枯死。症状由下向上逐渐发展，严重时，全株叶片脱落，多数为全株发病，少数仍有部分无病健枝。病株矮小，株形不舒展，果小，长形果有时弯曲，纵切根茎部，可见到木质部维管束变色，呈黄褐色或棕褐色。

3. 病原

茄子黄萎病病菌为半知菌亚门真菌的大丽轮枝菌。病菌分生孢子梗直立，细长，上有数层轮状排列的小梗，梗顶生椭圆形、单胞、无色的分生孢子。厚垣孢子褐色，卵圆形。可形成许多黑色微菌核。

4. 发病规律

病原真菌属半知菌亚门，称大丽花轮枝孢。病菌以菌丝、厚垣孢子随病残体在土壤中越冬，一般可存活6~8年。第二年从根部伤口、幼根表皮及根毛侵入，然后在维管束内繁殖，并扩展到茎、叶、果实、种子。当年一般不发生再侵染。因此，带菌土壤是本病的主要侵染源，带有病残体的肥料也是病菌的重要来源之一。病菌也可以菌丝体和分生孢子在种子内外越冬，带病种子是远距离传播的主要途径之一。病菌在田间靠灌溉水、农具、农事操作传播扩散。从根部伤口或根尖直接侵入。发病适温为19~24℃。茄子从定植到开花期，日平均气温低15℃，持续时间长，或雨水多，或久旱后大量浇水使地温下降，或田间湿度大，则发病早而重。温度高，则发病轻。重茬地发病重，施未腐熟带菌肥料发病重，缺肥或偏施氮肥发病也重。

5. 防治方法

以选用抗病品种为基础，坚持栽培措施防治和药剂防治相结合，是防治和避免茄子黄萎病的有效方法

（1）选用抗病品种。如长茄 1 号、黑又亮、长野郎、冈山早茄、吉茄 1 号、辽茄 3 号、长茄 3 号、鲁茄 1 号等

（2）选择地势平坦、排水良好的沙壤土地块种植茄子，并深翻平整。发现过黄萎病的地块，要与非茄科作物轮作 4 年以上，其中，以与葱蒜类轮作效果较好。

（3）多施腐熟的有机肥，增施磷、钾肥，促进植株健壮生长，提高植株抗性。适时定植，要求 10cm 地温稳定在 15℃以上时开始定植，定植时和定植后避免浇冷水，并注意提高地温。发现病株及时拔除，收获后彻底清除田间病残体集中烧毁。也可用嫁接育苗的方法防病，即用野生水茄、红茄作砧木，栽培茄作接穗，防治效果明显。

（4）巧管水肥。在北方 6 月茄子生长前期，地温偏低，要选择晴暖天气浇水，防止阴冷天浇水使地温低于 15℃引起黄萎病暴发。7 月中旬至 8 月中旬高温季节，要小水勤浇，使土壤不干不裂，减少伤根，控制发病。门茄坐果后，追施植物生长调节剂果宝等或茄科类专用叶面肥（沃丰素）2~3 次，或每次 667m^{2}追氮肥 10~15kg，使植株健壮，增强抗病力。

二十二、茄子绵疫病

茄子绵疫病，又称烂茄子，在各菜区普遍发生，露地茄子、保护地茄子均可受为害。初夏多雨或梅雨多雨或秋季多雨、多雾的年份发病重。发病严重时，常造成果实大量腐烂，直接影响产量。

茄子绵疫病俗称"掉蛋"、"水烂"，各地普遍发生，茄子各生育阶段皆可受害，损失可达 20%~30%，甚至超过 50%，是茄子主要病害之一。

1. 症状

幼苗期发病，茎基部呈水浸状，发展很快，常引发猝倒，致使幼苗枯死。成株期叶片感病，产生水浸状不茄子绵疫病规则形病斑，具有明显的轮纹，但边

图 6-32　茄子绵疫病症状

缘不明显，褐色或紫褐色，潮湿时病斑上长出少量白霉。茎部受害呈水浸状缢缩，有时折断，并长有白霉。花器受侵染后，呈褐色腐烂。果实受害最重，开始出现水浸状圆形斑点，边线不明显，稍凹陷，黄褐色至黑褐色。病部果肉呈黑褐色腐烂状，在高湿条件下病部表面长有白色絮状菌丝，病果易脱落或干瘪收缩成僵果（图 6-32）。

2. 发病规律

由茄疫真菌引起的真菌病害。病菌主要以卵孢子在土壤中病株残留组织上越冬，成为翌年的初侵染源。卵孢子经雨水溅到植株体上后萌发芽管，产生附着器，长出侵入丝，由寄主表皮直接侵入。病部产生的孢子囊所释放出的游动孢子可借助雨水或灌溉水传播，使病害扩大蔓延。高温高湿有利于病害发展。一般气温 25~35℃，相对湿度 85% 以上，叶片表面结露等条件下，病害发展迅速而严重。此外，地势低洼、排水不良、土壤黏重、管理粗放、偏施氮肥、过度密植、连茬栽培等，也会加剧病害蔓延。

3. 传播途径

病菌以卵孢子随病残组织在土壤中越冬。翌年卵孢子经雨水溅到茄子果实上，萌发长出芽管，芽管与茄子表面接触后产生附着器，从其底部生出侵入丝，穿透寄主表皮侵入，后病斑上产生孢子囊，萌发后形成游动孢子，借风雨传播，形成再侵染，秋后在病组织中形成卵孢子越冬。

4. 发病条件

发育最适温度 30℃，空气相对湿度 95% 以上菌丝体发育良好。在高温范围内，棚室内的湿度是认定病害发生与否重要因素的。此外，重茬地、地下水位高、排水不良、密植、通风不良，或保护地撤天幕后遇下雨，或天幕滴水，造成地面积水、潮湿，均易诱发本病。

茄子绵疫病属于真菌病害。主要靠土壤和雨水传播。高温高湿、雨后暴晴、植株密度过大、通风透光差、地势低洼、土壤黏重时易发病。

5. 防治方法

（1）对于 8 月将要播种的温室大棚茄子，可采取以下防治措施。

① 选用抗病品种：如兴城紫圆茄、贵州冬茄、通选 1 号、济南早小长茄、竹丝茄、辽茄 3 号、丰研 11 号、青选 4 号、老来黑等。

② 种子消毒：播种前对种子进行消毒处理，如用 50~55℃的温水浸种 7~8 分钟后播种，可大大减轻绵疫病的发生。

③ 采用穴盘育苗：可采用 288 孔六盘，一穴 1 粒种子，养分充足，根系发达，定植时不伤根或少伤根，增强了抗病性，减少了染病机会。

④ 实行轮作：要合理安排地块，忌与番茄、辣椒等茄科、葫芦科作物连作。一般实行 3 年以上的轮作倒茬。

⑤ 精心选地：选择高燥地块种植茄子，深翻土地。采用高畦栽培，覆盖地膜以阻挡土壤中病菌向地上部传播，促进根系发育。

（2）对于正处于坐果期的露地茄子，可采取以下防治措施。

① 地膜覆盖：采用黑色地膜覆盖地面或铺于行间，能够阻断土壤中病菌孢子对茄果的飞溅传播。还可借日光进行高温灭菌及防止杂草生长。

② 科学肥水：施足腐熟有机肥，预防高温高湿。增施磷、钾肥，促进植株健壮生长，提高植株抗性。

③ 精细管理：适时整枝，打去下部老叶，改善田间通风透光条件，及时摘除病叶、病果，并将病残体带出田外，以防再侵染。

二十三、茄子褐纹病

1.症状特征

该病是茄子独有的病害，因其发病严重故而又称疫病。

幼苗受害，多在茎基部出现近菱形的水渍状斑，后变成黑褐色凹陷斑，环绕茎部扩展，导致幼苗猝倒。

稍大的苗则呈立枯病部上密生小黑粒，成株受害，叶片上出现圆形至不规则斑，斑面轮生小黑粒，主茎或分枝受害，出现不规则灰褐色至灰白色病斑，斑面密生小黑粒；严重的茎枝皮层脱落，造成枝条或全株枯死；

茄果受害，长形茄果多在中腰部或近顶部开始发病，病斑椭圆形至不规则形大斑，斑中部下陷，边缘隆起，病部明显轮纹，其上也密生小黑粒，病果易落地变软腐，挂留枝上易失水干腐成僵果（图 6-33）。

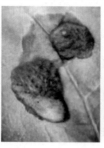

图 6-33　茄褐纹拟茎点真菌

2. 病原形态特征

茄褐纹拟茎点真菌，属真菌界、半知菌类、腔孢纲、球壳孢目、球壳孢科、拟茎点霉属真菌。茄褐纹拟茎点霉病斑上产生的黑色小点是病菌的分生孢子器。初埋生于寄主表皮下，成熟后突破表皮而外露。孢子器单独着生于子座上，呈凸透镜形，具有孔口，其大小可随寄主部位和环境条件而变化。分生孢子有 2 种不同形态：一种是椭圆形或纺锤形，通常内含 2~3 个油球；另一种呈细长线状，并在一端弯曲成钩。两者均为无色单胞。

病菌发育最低温度为 7~11℃，最高温度为 35~40℃，而最适温度为 28~30℃。分生孢子萌发的适温为 20℃。孢子在清水中不能萌发，以在新鲜茄汁浸出液中发芽最好。

3. 侵染循环

病原主要以菌丝体或分生孢子器在土表的病残体上越冬，同时，也可以菌丝体潜伏在种皮内部或以分生孢子黏附在种子表面越冬。病菌的成熟分生孢子器在潮湿条件下可产生大量分生孢子，分生孢子萌发后可直接穿透寄主表皮侵入，也能通过伤口侵染。病苗及茎基溃疡上产生的分生孢子为当年再侵染的主要菌源，然后经反复多次的再侵染，造成叶片、茎秆的上部以及果实大量发病。分生孢子在田间主要通过风雨、昆虫以及人工操作传播。病菌可在 12 天内入侵寄主，其潜育期在幼苗期为 3~5 天，成株期则为 7 天。

种子带菌是幼苗发病的主要原因。土壤中病残体带菌多造成植株的基部溃疡，再侵染引起叶片和果实发病。

此外，品种的抗病性也有差异，一般长茄较圆茄抗病，白皮茄、绿皮茄较紫皮茄抗病。

该病是高温、高湿性病害。田间气温 28~30℃，相对湿度高于 80%，持续时间比较长，连续阴雨，易发病。南方夏季高温多雨，极易引起病害流行；北方地区在夏秋季节，如遇多雨潮湿，也能引起病害流行。降水期、降水量和高湿条件是茄褐纹病能否流行的决定因素。

4. 发病规律

（1）种植密度大、通风透光不好，发病重，氮肥施用太多，生长过嫩，抗性降低易发病。

（2）土壤黏重、偏酸；多年重茬，田间病残体多；氮肥施用太多，生长过嫩；肥力不足、耕作粗放、杂草丛生的田块，植株抗性降低，发病重。

（3）肥料未充分腐熟、有机肥带菌或肥料中混有本科作物病残体的易发病。

（4）大棚栽培的，往往为了保温而不放风、排湿、引起湿度过大的易发病。

（5）阴雨天或清晨露水未干时整枝，或虫伤多，病菌从伤口侵入，易发病。

（6）地势低洼积水、排水不良、土壤潮湿易发病，高温、高湿、连阴雨、日照不足易发病。

5. 防治方法

（1）播种或移栽前，或收获后，清除田间及四周杂草，集中烧毁或沤肥；深翻地灭茬，促使病残体分解，减少病原和虫原。

（2）和非本科作物轮作，选用抗病品种，选用无病、包衣的种子，如未包衣则种子须用拌种剂或浸种剂灭菌。

（3）选用排灌方便的田块，开好排水沟，降低地下水位，达到雨停无积水；大雨过后及时清理沟系，防止湿气滞留，降低田间湿度，这是防病的重要措施；土壤病菌多或地下害虫严重的田块，在播种前撒施或沟施灭菌杀虫的药土。适时早播、早移栽、早间苗、早培土、早施肥，及时中耕培土，培育壮苗。

（4）育苗移栽，育苗的营养土要选用无菌土，用前晒3周以上；苗床床底撒施薄薄一层药土，播种后用药土覆盖，移栽前喷施一次除虫灭菌剂，这是防病的关键。适当密植，及时整枝或去掉下部老叶，保持通风透光。避免在阴雨天气整枝；及时防治害虫，减少植株伤口，减少病菌传播途径；发病时及时防治，并清除病叶、病株，带出田外烧毁，病穴施药或生石灰。

（5）施用酵素菌沤制的堆肥或腐熟的有机肥，不用带菌肥料，施用的有机肥不得含有植物病残体。

（6）采用测土配方施肥技术，适当增施磷钾肥，加强田间管理，培育壮苗，增强植株抗病力，有利于减轻病害。

（7）地膜覆盖栽培，可防治土中病菌为害地上部植株。在定植后于茎基部周围地面，撒一层草木灰，可减轻基部感染发病。

（8）高温干旱时应科学灌水，以提高田间湿度，减轻蚜虫、灰飞虱为害与传毒。严禁连续灌水和大水漫灌。浇水时防止水滴溅起，是防止该病的重要措施。棚室栽培的要注意温湿度管理，采用放风排湿，控制灌水等措施降低棚内湿度。

（9）种子消毒处理：先用冷水将种子预浸 3~4 小时，然后用 55℃温水浸种 15 分钟，或用 50℃温水浸种 30 分钟，立即用冷水降温，晾干播种。

二十四、茄子灰霉病

灰霉病是茄子的重要病害，该病流行时一般减产 20%~30%，重者可达 50%。其适发季节一般在夜间室内外温差小，浇水量较大的春天。

1. 症状

茄子灰霉病的表现症状茄子苗期、成株期均可发生灰霉病。幼苗染病，子叶先端枯死。后扩展到幼茎，幼茎缢缩变细，常自病部折断枯死，真叶染病出现半圆至近圆形淡褐色轮纹斑，后期叶片或茎部均可长出灰霉，致病部腐烂。成株染病，叶缘处先形成水浸状大斑，后变褐，形成椭圆或近圆形浅黄色轮纹斑，直径 5~10mm，密布灰色霉层，严重的大斑连片，致整叶干枯。茎秆、叶柄染病也可

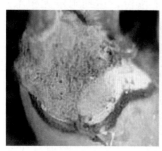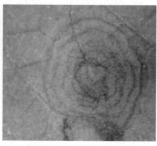

产生褐色病斑，湿度大时长出灰霉。果实染病，幼果果蒂周围局部先产生水浸状褐色病斑，扩大后呈暗褐色，凹陷腐烂，表在产生不规则轮状灰色霉状物，失去食用价值（图 6-34）。

图 6-34　茄子灰霉病症状

2. 发病规律

病菌以菌丝体或分生孢子随病残体在土壤中越冬，也可以菌核的形式在土壤中越冬，成为翌年的初侵染源。发病组织上产生分生孢子，随气流、浇水、农事操作等传播蔓延，形成再侵染。多在开花后侵染花瓣，再侵入果实引发病害。也能由果蒂部侵入。病果采摘后，随意扔弃，或摘下的病枝病叶未及时带出温室或大棚，最易使孢子飞散传播病害。茄子灰霉病菌喜低温高湿。持续的较高的空气相对湿度是造成灰霉发生和蔓延的主导因素。光照不足，气温较低（16~20℃），湿度大，结露持续时间长，非常适合灰霉病的发生。所以，春季如遇连续阴雨天

气，气温偏低，温室大棚放风不及时，湿度大，灰霉病便容易流行。植株长势衰弱时病情加重。

3. 防治方法

重点抓住移栽前、开花期和果实膨大期 3 个关键期，农业管理与生物防治相结合。

（1）做好棚、室内温湿度调控，即上午尽量保持较高温度使棚顶露水雾化，下午适当延长放风时间，加大放风量降低棚内湿度，夜间适当提高温度减少或避免叶面结露。

（2）及时摘除病果、病叶、携出棚外深埋。

（3）喷雾可选用 50% 速克灵可湿性粉剂 2 000 倍液；38% 噁霜嘧铜菌酯 800 倍液；41% 聚砹嘧霉胺 600 倍液；50% 扑海因可湿性粉剂 1 500 倍液；60% 防霉宝超微粉剂 600 倍液；45% 噻菌灵悬浮剂 4 000 倍液；2% 武夷霉素水剂 150 倍液；50% 农利灵可湿性粉剂 500 倍液等。

（4）灰霉病发生严重时，可采用先熏棚，次日再喷雾的方法。

（5）预防用药：分别在苗期、初花期、果实膨大期，使用（霉止）50mL，对水 15kg，每 7~10 天 1 次。

第二节　茄科蔬菜虫害防治

1. 棉铃虫

（1）为害与诊断。若龄幼虫从主干、腋芽的顶部食起，2~3 龄时达到植物体上部，叶片上留下圆形或椭圆形食痕，并在茎上开孔，切断花蕾和腋芽。中老龄幼虫，1 只虫可以食害数个果实，食痕为圆形，与不规则形的斜纹夜蛾食痕，形成鲜明对比。果实自痕部位颜色异常（图 6-35）。

（2）发生条件与对策。巡视田间，发现新食痕和虫类，立即严密捕杀。摘心、摘花的腋并和花蕾上，通常附有卵和若龄幼虫，不可放置于植物根部。蛀果要及时摘除，控制虫害的扩大。

图 6-35　为害花蕾的若龄幼虫
（注意虫粪）

2. 烟青虫

（1）为害与诊断。果实只余下表皮，整个果肉呈腐烂状时，老熟幼虫在果内或已经由直径 5~6mm 的洞孔退出。幼虫取食果实的胎坐种子，导致果实停止膨大，后期腐烂；发出恶臭、落果。由于幼虫老熟时取食 2~3 个果实后才形成群体为害，因此，在虫害初期，难以发现。从保护地入口和侧面开放地点起发生，逐渐蔓延整个大棚（图 6-36、图 6-37）。

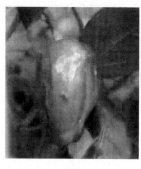

图 6-36 烟青虫为害   图 6-37 烟青虫为害茄子症状
辣椒症状

受害果：末期为害果肉，表皮透明化，腐烂后放出恶臭。幼虫由孔洞钻出入土。

老熟果：中龄以后幼虫进入果内。有时，一个受害果实内有 2~3 只幼虫。

（2）发生条件与对策。4—5 月发生较少，抑制型栽培果实增多的 8—9 月，虫口密度突然增高。被害果不可放置大棚内，以防害虫在土中蛹化。纱网可以阻止外部害虫侵入，但入口开放后，常在入口附近发生。因此，要注意早期发现，并以产卵期为重点，喷施药剂。定植前耕耘土壤，捕杀在土壤中越冬的蛹。

3. 朱砂叶螨

朱砂叶螨为蛛形纲，属真螨目，叶螨科，是一种广泛分布于世界温带的农林大害虫，在中国各地均有发生。可为害的植物有 32 科 113 种，其中，蔬菜 18 种，主要有茄、辣椒、西瓜、豆类、葱和苋菜。以成若螨在叶背吸取汁液。茄子、辣椒叶片受害后，叶面初现灰白色小点，后变灰白色；四季豆、豇豆、瓜类叶片受害后，形成枯黄色细斑，严重时，全叶干枯脱落，缩短结果期，影响产量（图 6-38）。

图 6-38 朱砂满对蔬菜的为害症状

（1）形体特征。雌成虫：体长 0.28~0.52mm，每 100 头大约 2.73mg，体红至紫红色（有些甚至为黑色），在身体两侧各具一倒"山"字形黑斑，体末端圆，呈卵圆形。雄成虫：体色常为绿色或橙黄色，较雌螨略小，体后部尖削。卵圆形，初产乳白色，后期呈乳黄色，产于丝网上。

（2）生长繁殖。在北方，朱砂叶螨一年可发生 20 代左右，以授精的雌成虫在土块下、杂草根迹、落叶中越冬，来年 3 月下旬成虫出蛰。首先在田边的杂草取食、生活并繁殖 1~2 代，然后由杂草上陆续迁往菜田中为害。成螨产卵前期 1 天，产卵量 50~110 粒，成虫平均寿命在 6 月为 22 天；7 月为 19 天；9—10 月为 29 天。卵的发育历期在 24℃ 为 3~4 天；在 29℃，2~3 天；幼若期在 6—7 月为 5~6 天。所产卵，受精卵为雌虫，不受精卵为雄虫。

朱砂叶螨种群在田间呈马鞍形变化，5 月田间很难见到，进入 6 月后，数量逐渐增加。在正常年份，在麦收前后，田间红蜘蛛的种群数量会迅速增加，田间为害加重，7 月是红蜘蛛全年发生的猖獗期，也是蔬菜受害的主要时期，常在 7 月中下旬种群达到全年高峰期。为害至 7 月末至 8 月上旬，由于高温的原因，种群数量会很快下降，8 月中、下旬以后，种群密度维持在一个较低的水平上，不再造成为害，并一直维持至秋季。在秋季，虫体陆续迁往地下的杂草上生活，于 11 月上旬越冬。

朱砂叶螨每年种群消长有所不同。低温年份，发生的晚，常于 7 月后进入猖獗发生期，但下降的也晚，常可为害至 8 月中旬以后；高温年份 6 月上旬即可进入年中盛期，盛期至 7 月中下旬结束。

（3）生活习性。幼螨和前期若螨不甚活动。后期若螨则活泼贪食，有向上爬的习性。先为害下部叶片，而后向上蔓延。繁殖数量过多时，常在叶端群集成团，滚落地面，被风刮走，向四周爬行扩散。朱砂叶螨发育起点温度为 7.7~8.5℃，最适温度为 25~30℃，最适相对湿度为 35%~55%，因此，高温低湿的 6—7 月为害重，尤其干旱年份易于大发生。但温度达 30℃ 以上和相对湿度超过 70% 时，不利其繁殖，暴雨有抑制作用。

（4）防治方法。

① 农业防治：清除田埂、路边和田间的杂草及枯枝落叶，耕整土地以消灭越冬虫源。合理灌溉和施肥，促进植株健壮生长，增强抗虫能力，及时喷药。

② 生物防治：利用有效天敌如：长毛钝绥螨、德氏钝绥螨、异绒螨、塔六点蓟马和深点食螨瓢虫等，有条件的地方可保护或引进释放。当田间的益害比为

1：（10~15）时，一般在6~7天后，害螨将下降90%以上。

③化学防治：加强田间害螨监测，在点片发生阶段注意挑治。轮换施用化学农药，尽量使用复配增效药剂或一些新型的特效药剂。效果较好的药剂有：40%的菊杀乳油2 000~3 000倍液，或40%的菊马乳油2 000~3 000倍液，或20%的螨卵脂800倍液。也可用0.1~0.3波美度石硫合剂（注意瓜类作物上浓度不超过0.1波美度），25%灭螨猛可湿性粉剂1 000~1 500倍液。

4. 茶黄螨

茶黄螨，属蛛形纲蜱螨目跗线螨科茶黄螨属的一种昆虫。是为害蔬菜较重的害螨之一，食性极杂，寄主植物广泛，已知寄主达70余种。主要为害黄瓜、茄子、辣椒、马铃薯、番茄、瓜类、豆类、芹菜、木耳菜、萝卜等蔬菜。主要分布在北京、江苏、浙江、湖北、四川、贵州等省市及中国台湾省。近年来，对蔬菜上的为害日趋严重。以成螨和幼螨集中在蔬菜幼嫩部分刺吸为害。受害叶片背面呈灰褐或黄褐色，油渍状，叶片边缘向下卷曲；受害嫩茎、嫩枝变黄褐色，扭曲变形，严重时，植株顶部干枯；果实受害果皮变黄褐色。茄子果实受害后，呈开花馒头状。主要在夏、秋露地发生。嫩叶被害状（图6-39）。

图6-39　茶黄螨成螨为害症状及形态特征

（1）形态特征。

雌成螨：茶黄螨长约0.21mm，体躯阔卵形，体分节不明显，淡黄至黄绿色，半透明有光泽。足4对，沿背中线有1白色条纹，腹部末端平截。

雄成螨：茶黄螨体长约0.19mm，体躯近六角形，淡黄至黄绿色，腹末有锥台形尾吸盘，足较长且粗壮。

卵：茶黄螨长约0.1mm，椭圆形，灰白色、半透明，卵面有6排纵向排列的泡状突起，底面平整光滑。

幼螨：茶黄螨的为害近椭圆形，躯体分3节，足3对。若螨半透明，棱形，是一静止阶段，被幼螨表皮所包围。

（2）生长环境。成螨、幼螨集中在寄主幼芽、嫩叶、花、幼果等幼嫩部位刺吸汁液，尤其是尚未展开的芽、叶和花器。被害叶片增厚僵直、变小或变窄，叶背呈黄褐色、油渍状，叶缘向下卷曲。幼茎变褐，丛生或秃尖。花蕾畸形，果实变褐色、粗糙，无光泽，出现裂果，植株矮缩。由于虫体较小，肉眼常难以发现，且为害症状又和病毒病或生理病害相似，生产上要注意辨别。茶黄螨主要靠爬行、风力、农事操作等传播蔓延。幼螨喜温暖潮湿的环境条件。成螨较活跃，且有雄螨负雌螨向植株上部幼嫩部位转移的习性。卵多产在嫩叶背面、果实凹陷处及嫩芽上，经2~3天孵化，幼（若）螨期各2~3天。雌螨以两性生殖为主，也可营孤雌生殖（图6-40）。

图6-40　茶黄螨侵害叶片及茶黄螨—卵

茶黄螨喜温性害虫，发生为害最适气候条件为温度16~27℃，相对湿度45%~90%，浙江省及长江中下游地区的盛发期为7—9月。

（3）防治。

① 农业防治：防治茶黄螨的方法有以下几种：消茶黄螨灭越冬虫源－铲除田边杂草，清除残株败叶；培育无虫壮苗；熏蒸杀螨 每1m³温室大棚用27g溴甲烷或80%敌敌畏乳剂3mL与木屑拌匀，密封熏杀16小时左右可起到很好的杀螨效果；尽量消灭保护地的茶黄螨，清洁田园，以减轻次年在露地蔬菜上为害；定植前喷药灭螨，另外，可选用早熟品种，早种早收，避开害螨发生高峰。

② 药剂防治：在发生初期选用如下药剂进行喷雾，一般每隔7~10天喷1次，连喷2~3次，茶黄螨喷药重点主要是植株上部嫩叶、嫩茎、花器和嫩果，注意轮换用药。

5. 美洲斑潜蝇

我国于1993年12月在海南省三亚市首次发现美洲斑潜蝇，1994年列为国内检疫对象，现已分布20多个省、自治区、直辖市。1995年美洲斑潜蝇在我国21个省（市、自治区）的蔬菜产区暴发为害，受害面积达$1.488 \times 10^{6} hm^{2}$，减产30%~40%。中国科学院动物所的科学家们研究发现，20世纪90年代先后侵入我国的美洲斑潜蝇和南美斑潜蝇，因对气温的适应能力不同，南美斑潜蝇有取代美洲斑潜蝇的趋势。

（1）形态特征。成虫体形较小，头部黄色，眼后眶黑色；中胸背板黑色光亮，中胸侧板大部分黄色；足黄色；卵白色，半透明；幼虫蛆状，初孵时半透明，后为鲜橙黄色；蛹椭圆形，橙黄色，长 1.3~2.3mm。

（2）主要寄主。黄瓜、番茄、茄子、辣椒、豇豆、蚕豆、大豆、菜豆、芹菜、甜瓜、西瓜、冬瓜、丝瓜、西葫芦、小西葫芦、人参果、樱桃番茄、蓖麻、大白菜、棉花、油菜、烟草等22科、110多种植物。

（3）形态特征。成虫小，体长 1.3~2.3mm，浅灰黑色，胸背板亮黑色，体腹面黄色，雌虫体比雄虫大。卵米色，半透明。幼虫蛆状，初无色，后变为浅橙黄色至橙黄色，长 3mm（图6-41）。

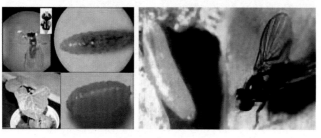

图6-41　美洲斑潜蝇为害症状及形态特征

（4）生活习性。一年可发生 10~12 代，具有暴发性。以蛹在寄主植物下部的表土中越冬。一年中有 2 个高峰，分别为6—7月和9—10月。美洲斑潜蝇适应性强，寄主范围广，繁殖能力强，世代短，成虫具有趋光、趋绿、趋黄、趋蜜等特点。每年4月气温稳定在15℃左右时，露地可出现美洲斑潜蝇被害状。成虫以产卵器刺伤叶片，吸食汁液。雌虫把卵产在部分伤孔表皮下，卵经 2~5 天孵化，幼虫期 4~7 天。末龄幼虫咬破叶表皮在叶外或土表下化蛹，蛹经 7~14 天羽化为成虫。每世代夏季 2~4 周，冬季 6~8 周。美洲斑潜蝇等在我国南部周年发生，无越冬现象。世代短，繁殖能力强。

（5）为害特点。成虫和幼虫均可为害植物。雌虫以产卵器刺伤寄主叶片，形成小白点，并在其中取食汁液和产卵。幼虫蛀食叶肉组织，形成带湿黑和干褐区域的蛇形白色斑；成虫产卵取食也造成伤斑。受害重的叶片表面布满白色的蛇形潜道及刻点，严重影响植株的发育和生长。

（6）为害症状。美洲斑潜蝇和南美斑潜蝇都以幼虫和成虫为害叶片，美洲斑潜蝇以幼虫取食叶片正面叶肉，形成先细后宽的蛇形弯曲或蛇形盘绕虫道，其内有交替排列整齐的黑色虫粪，老虫道后期呈棕色的干斑块区，一般 1 虫 1 道，1头老熟幼虫 1 天可潜食 3cm 左右。南美斑潜蝇的幼虫主要取食背面叶肉，多从主脉基部开始为害，形成弯曲较宽（1.5~2mm）的虫道，虫道沿叶脉伸展，但不受叶脉限制，可若干虫道连成一片形成取食斑，后期变枯黄。2 种斑潜蝇成虫为害基本相似，在叶片正面取食和产卵，刺伤叶片细胞，形成针尖大小的近圆形刺伤"孔"，造成为害。"孔"初期呈浅绿色，后变白，肉眼可见。幼虫和成虫的为害可导致幼苗全株死亡，造成缺苗断垄；成株受害，可加速叶片脱落，引起果实日灼，造成减产。幼虫和成虫通过取食还可传播病害，特别是传播某些病毒病，降低花卉观赏价值和叶菜类食用价值。

（7）农业防治。

①加强植物检疫，保护无虫区，严禁从有虫地区调用菜苗。

②发现受害叶片随时摘除，集中沤肥或掩埋。

③土壤翻耕：充分利用土壤翻耕及春季菜地地膜覆盖技术，减少和消灭越冬和其他时期落入土中的蛹。

④清洁田园：作物收获完毕，田间植株残体和杂草及时彻底清除。作物生长期尽可能摘除下部虫道较多且功能丧失的老叶片。

⑤利用美洲斑潜蝇成虫的趋黄性，可采用在田间插黄板涂机油或贴粘蝇纸进行诱杀。

（8）药剂防治。掌握田间受害叶片出现2cm以下的虫道时，或田间叶片被害叶率10%~15%，进行化学防治。施药时间一般选在上午9：00—11：00。一般每隔7~10天施药1次。化学药剂可选择：2%天达阿维菌素乳油2 000倍液、1.8%爱福丁乳油2 000倍液、48%天达毒死蜱1 500倍液、40%绿菜宝乳油1 500倍液等药剂。如果发现受害叶片中老虫道多，新虫道少，或虫体多为黑色，可能被天敌寄生或已经死亡，可考虑不施药。喷药宜在早晨或傍晚，注意交替用药。

6.二十八星瓢虫

（1）为害与诊断。只留下叶表皮，严重的叶片可透明，呈褐色枯萎，叶背只剩下叶脉。茎和果上也有细波状食痕（图6-42）。

（2）发生条件与对策。常发生于山间地带及其附近。6—7月持续炎热时，7—8月大量发生，为害严重。田园附近不可堆放未消毒的杂

大二十八星瓢虫幼虫：为害特　　　酸浆瓢虫成虫
点在叶背微波状取食

图6-42　二十八星瓢虫茄科症状与形态

草化酸浆及茄科作物、成虫有假死性，药剂喷布时要保持安静，以便药剂直接喷施至成虫身体上。

7. 根癌线虫类

（1）为害与诊断。根癌线虫类寄生于根部，导致根组织肿胀，呈瘤状。收获末期整个根系形成无数肿瘤，呈根癌状。植株生长不良，干燥时萎蔫，叶片黄变，迅速枯萎（图6-43）。

图6-43　番茄被害株地上部分、地下部分症状
（地上部萎蔫，叶片黄变，迅速枯萎；地下部根系被害，形成根癌状肿块）

（2）发生条件与对策。常发生于沙地和火山灰土等排水良好的土壤。在保护地栽培，由于地温较高，害虫增殖快，为害严重。首要防治对策是选择无虫地块。种植前要了解有无害虫及其密度。线虫出现，或有可能出现时，种植前应消毒土壤。

8. 桃蚜

（1）为害与诊断。黄瓜花叶病毒的感染，要远远大于吸汁造成的直接为害。有翅蚜虫飞入苗床和田间，在新芽附近繁殖。花叶病在感染5~12天以后发病，影响新芽生长，导致萎蔫（图6-44）。

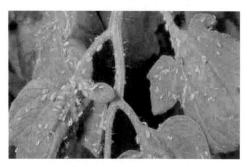

图6-44　黄瓜植株被蚜虫为害症状

（2）发生条件与对策。防止蚜虫飞入苗床和本田传播病毒，并定期防治。4—5月为蚜虫最盛时期，应注意防范。病苗要尽早剔除烧毁。

9. 温室粉虱

（1）为害与诊断。摇动顶端附近的叶片，观察有无成也飞起，是判断虫害发生与否的最佳方法。最初，粉虱分泌露珠，导致叶片和果实湿润。不久，该部位出现黑褐色煤污病菌。一般在叶片上确认煤污7~10日后，开始出现污病果。被污染的果，必须一一水洗或擦拭，十分浪费人力（图6-45、图6-46）。

（2）发生条件与对策。暖冬年份，野外生存率提高，早春就有大量发生。粉

受害果面常出现煤状物污染

图6-45　温室粉虱为害番茄果实

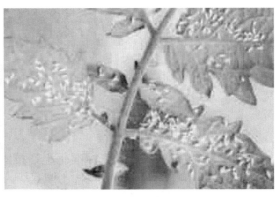

成虫体长约1.2mm，群居于叶背

图6-46　温室粉虱为害叶片症状

虱的发育适温为23~28℃，40℃以上被抑制。常发生于温室等避风雨之处。连作害虫较多。 栽培结束后，封闭设施，以太阳热闷蒸，杀死粉虱。加强育苗管理，选择无寄生秧苗种植，一旦粉虱发生密度高，每个生长阶段都有虫害发生，难以防治，应致力于初期防治。同时，要彻底清理设施周围寄主植物。

参考文献

陈德明，郁樊敏 . 2013. 蔬菜标准化生产技术规范 [M]. 上海：上海科学技术出版社 .

刘俊田，张金华 . 2014. 植保实用技术手册 [M]. 北京：中国农业科学技术出版社 .

刘俊田，张金华 . 2016. 植保实用技术手册 [M]. 北京：中国农业科学技术出版社 .

王春虎，王璐，黄玲 . 2017. 农作物病虫草害综合防治技术 [M]. 北京：中国农业科学技术出版社 .

王春虎，杨靖 . 2016. 中草药高效生产技术 [M]. 北京：中国农业科学技术出版社 .

王昊，王海忠 . 2017. 新编叶类蔬菜高效优质生产技术 [M]. 北京：中国农业科学技术出版社 .

王运兵，张伟兴，王春虎 . 2015. 草坪化学除草 [M]. 北京：中国农业科学技术出版社 .

杨洪强 . 2003. 绿色无公害果品生产全编 [M]. 北京：中国农业出版社 .